Verlag von **August Hirschwald** in Berlin.

Veröffentlichungen aus dem Gebiete des Militär-Sanitätswesens.
Herausgegeben von der Medizinal-Abteilung des Kgl. Preussischen Kriegsministeriums.

1. Heft. Historische Untersuchungen über das Einheilen und Wandern von Gewehrkugeln. Von Stabsarzt Dr. A. Köhler. 1892. 80 Pf.

2. Heft. Ueber die kriegschirurgische Bedeutung der neuen Geschosse. Von Geh. Ober-Med.-Rat Prof. Dr. von Bardeleben. 1892. 60 Pf.

3. Heft. Ueber Feldflaschen und Kochgeschirre aus Aluminium. Bearbeitet von Stabsarzt Dr. Plagge und Chemiker G. Lebbin. 1893. 2 M. 40 Pf.

4. Heft. Epidemische Erkrankungen an akutem Exanthem mit typhösem Charakter in der Garnison Cosel. Von Oberstabsarzt Dr. Schulte. 1893. 80 Pf.

5. Heft. Die Methoden der Fleischkonservierung. Von Stabsarzt Dr. Plagge und Dr. Trapp. 1893. 3 M.

6. Heft. Verbrennung des Mundes, Schlundes, der Speiseröhre und des Magens. Behandlung der Verbrennung und ihrer Folgezustände. Von Stabsarzt Dr. Thiele. 1893. 1 M. 60 Pf.

7. Heft. Das Sanitätswesen auf der Weltausstellung zu Chicago. Bearbeitet von Generalarzt Dr. C. Grossheim. Mit 92 Textfiguren. 1893. 4 M. 80 Pf.

8. Heft. Die Choleraerkrankungen in der Armee 1892 bis 1893 und die gegen die Cholera in der Armee getroffenen Massnahmen. Bearbeitet von Stabsarzt Dr. Schumburg. Mit 2 Textfiguren und 1 Karte. 1894. 2 M.

9. Heft. Untersuchungen über Wasserfilter. Von Oberstabsarzt Dr. Plagge. Mit 37 Textfiguren. 1895. 5 M.

10. Heft. Versuche zur Feststellung der Verwertbarkeit Röntgenscher Strahlen für medizinisch-chirurgische Zwecke. Mit 23 Textfiguren. 1896. 6 M.

11. Heft. Ueber die sogenannten Gehverbände unter besonderer Berücksichtigung ihrer etwaigen Verwendung im Kriege. Von Stabsarzt Dr. Coste. Mit 13 Textfiguren. 1897. 2 M.

12. Heft. Untersuchungen über das Soldatenbrot. Von Oberstabsarzt Dr. Plagge und Chemiker Dr. Lebbin. 1897. 12 M.

13. Heft. Die preussischen und deutschen Kriegschirurgen und Feldärzte des 17. und 18. Jahrhunderts in Zeit- und Lebensbildern. Von Oberstabsarzt Prof. Dr. A. Köhler. Mit Porträts und Textfiguren. 1898. 12 M.

14. Heft. Die Lungentuberkulose in der Armee. Bearbeitet in der Medizinal-Abteilung des Königl. Preuss. Kriegsministeriums. Mit 2 Tafeln. 1899. 4 M.

15. Heft. Beiträge zur Frage der Trinkwasserversorgung. Von Oberstabsarzt Dr. Plagge und Oberstabsarzt Dr. Schumburg. Mit 1 Tafel und Textfiguren. 1900. 3 M.

16. Heft. Ueber die subkutanen Verletzungen der Muskeln. Von Dr. Knaak. 1900. 3 M.

17. Heft. Entstehung, Verhütung und Bekämpfung des Typhus bei den im Felde stehenden Armeen. Bearbeitet in der Medizinal-Abteilung des Königl. Preuss. Kriegsministeriums. **Zweite Auflage.** Mit 1 Tafel. 1901. 3 M.

18. Heft. Kriegschirurgen und Feldärzte der ersten Hälfte des 19. Jahrhunderts (1795—1848). Von Stabsarzt Dr. Bock und Stabsarzt Dr. Hasenknopf. Mit einer Einleitung von Oberstabsarzt Prof. Dr. Albert Köhler. 1901. 14 M.

19. Heft. Ueber penetrierende Brustwunden und deren Behandlung. Von Stabsarzt Dr. Momburg. 1902. 2 M. 40 Pf.

20. Heft. Beobachtungen und Untersuchungen über die Ruhr (Dysenterie). Die Ruhrepidemie auf dem Truppenübungsplatz Döberitz im Jahre 1901 und die Ruhr im Ostasiatischen Expeditionskorps. Zusammengestellt in der Medizinal-Abteilung des Königl. Preuss. Kriegsministeriums. Mit zahlr. Textfiguren und 8 Tafeln. 1902. 10 M.

21. Heft. Bekämpfung des Typhus. Von Geh. Med.-Rat Prof. Dr. Robert Koch. 1903. 50 Pf.

22. Heft. Ueber Erkennung und Beurteilung von Herzkrankheiten. Vortrag aus der Sitzung des Wissenschaftl. Senats bei der Kaiser Wilhelms-Akademie für das militärärztliche Bildungswesen am 31. März 1903. 1903. 1 M. 20 Pf.

23. Heft. Kleinere Mitteilungen über Schussverletzungen. Aus den Verhandlungen des Wissenschaftlichen Senats der Kaiser Wilhelms-Akademie für das militärärztliche Bildungswesen vom 3. Juni 1903. 1903. 2 M.

24. Heft. Kriegschirurgen und Feldärzte in der Zeit von 1848 bis 1868. Von Oberstabsarzt a. D. Dr. Kimmle. 1904. 14 M.

BIBLIOTHEK VON COLER-VON SCHJERNING.
BAND XLII.

Altes und Neues über die Tuberkulose.

Fortbildungsvortrag

gehalten

vor rheinhessischen Ärzten 1920

von

Georg B. Gruber
Prosektor in Mainz.

Mit 3 Abbildungen im Text.

Springer-Verlag Berlin Heidelberg GmbH 1920

Alle Rechte vorbehalten.

ISBN 978-3-662-34410-1 ISBN 978-3-662-34681-5 (eBook)
DOI 10.1007/978-3-662-34681-5

Meine Herren!

Wenn schon für das ruhige Staatsleben in gewöhnlichen Zeiten der römische Satz zweifellos Geltung besitzt: „Videant consules ne detrimenti capiat res publica", so muß er sich mit allem Nachdruck den Leitern eines Staatswesens einprägen, welches nach der schweren Zeit eines förmlichen Belagerungskrieges, nach Einengung und jahrelanger Entbehrung sich aus dem gedrückten Zustande der Niederwerfung wieder emporarbeiten soll. Das, was an Kräften noch vorhanden ist, muß gut gehegt werden! Mit aller Vorsicht muß verfahren werden, daß ein so wertvolles Kapital, wie es die Volksgesundheit darstellt, nicht entwertet oder dezimiert wird. Es ist also die lateinische Mahnung hier noch ernster und dringlicher. Nur fragt sich, wen man unter den „Consuln" verstehen soll, die so hohe Verantwortung tragen. In einer Gemeinschaft, welche allen so viel gleiche Rechte einräumt, als es theoretisch wenigstens in der Republik zutrifft, tragen alle an der Bürde der gemeinsamen Pflichten, so daß die obige Mahnung in einem Freistaat jedem ans Herz gelegt werden kann und muß. Aber es ist klar, daß diejenigen, welche dazu berufen sind, das Gesundheitswesen zu betreuen und durch allgemeine Maßnahmen seine Förderung zu erleichtern, ganz besonders dafür sorgen müssen, daß dies unschätzbare Gut, dessen Zinsen und Grundwert im Kriege unnachsichtlich angegriffen werden mußten, Schonung und Mehrung in jeder Hinsicht erfahre. Ferner wendet sich jene Mahnung mit aller Deutlichkeit an den Stand und Beruf, der mit Mitteln der Wissenschaft und der Praxis die Möglichkeit hat, heilend und erhaltend der Volksgesundheit zu dienen, an den Stand der Ärzte.

Solchen Überlegungen entspricht es, daß man im Vaterlande erneut der Phthise[1] (Tuberkulose) große Aufmerksamkeit schenkt und Maßnahmen trifft, ihr wirkungsvoller zu begegnen, als dies vor

---

[1] „Phthise" im Sinne L. Aschoffs allgemein für den bisherigen Begriff „Tuberkulose" angewendet. (Vgl. S. 14 dieser Arbeit.)

dem Kriege der Fall gewesen. Allgemeine Fortbildungsvorträge sollen speziell uns Ärzte aufklären und ermuntern, diese Maßnahmen durch eifrige und sachgemäße Mitarbeit zu unterstützen. Im Rahmen eines solchen Kranzes von Vorträgen soll auch ich Ihnen heute ein Bild über die Zunahme der Tuberkulose während des Krieges geben und soll Ihnen einige Hauptstücke dessen mitteilen, das für den Praktiker über die Entstehung, das Wesen und den Ablauf dieser Erkrankung wissenswert ist.

Wenn Sie sich, meine Herren, eine Übersicht der vom Jahre 1904 bis zum Ende des Jahres 1918 gemeldeten Todesfälle an offener Phthise in der Stadt Mainz betrachten würden, dann sähen Sie eine sehr eigenartige Kurve, welche dartut, daß von einer 4,2 prom. Sterblichkeit im Jahre 1904 an ein Absinken bis etwa zur Hälfte in den Friedensjahren vor dem Weltkriege erfolgt ist. 1914 wurden 2,18 pM. Todesfälle an offener Phthise gefunden, und Ende 1918, da war die Sterblichkeit wieder derartig in die Höhe geschnellt, daß der Stand von mehr als 4,2 pM. wieder erreicht war, welchen wir für das Jahr 1904 ablesen konnten. Daß eine so gewaltige Zunahme der Tuberkulose sich ergeben würde, das ließ sich schon aus einer von D. Gerhardt im Jahre 1917 aufgestellten Statistik der Todesfälle von Einwohnern der Stadt Würzburg an Tuberkulose vermuten. Auch Orth konnte schon 1916 auf eine überraschende Zunahme der primären Intestinaltuberkulose der Kinder aufmerksam machen, welche an seinem Materiale sich fast ums Neunfache vermehrt hatte.

Die Deutung der Kriegskurve der Tuberkulosemorbidität und -mortalität ist nicht ganz sicher zu geben. Mir scheint nicht so sehr die Zahl der Neu-Infektionen zugenommen zu haben, als die Zahl derer, bei welchen latente, gutartige Phthisen infolge der Ernährung, der körperlichen Überanstrengung und Unrast sich in progrediente, manifeste und offene Formen umwandelten. Doch stelle ich nicht in Abrede, daß durch die eng gedrängten Verhältnisse in den Kriegsfabriken, bei den Ansammlungen vor den Nahrungsmittelläden, in den überfüllten Räumen der Schaustellungen (Lichtspieltheatern!) in den vollgepferchten Wagen der Bahnen günstige Verhältnisse zur Verbreitung des Phthisekeimes gegeben waren und manch eine neue Infektion bedingt worden sein kann. Als pathologischer Anatom vermochte ich darüber keine geeigneten Erfahrungen zu sammeln.

Leider haben wir bislang gar kein greifbares Material, welches uns mit absoluter Sicherheit überschauen ließe, wieviel Menschen eines bestimmten Bezirkes im Gemeinwesen an Phthise erkrankt sind, wie viele geheilt werden konnten, wie viele ihr erlagen. Wir sind in letzter Linie auf die Statistiken der pathologischen Anatomen angewiesen, die uns aber nur ein Bild darüber geben können, wie hoch die Phthisesterblichkeit an den Insassen des betreffenden Krankenhauses war, an welchem sie wirken. Das ist nun ein großer Unterschied, ob es sich um ein Siechen- oder Invalidenhaus, ob es sich um ein Krankenhaus mit reichlichem Kindermaterial handelt oder ob ein überwiegend chirurgisches, psychiatrisches, gynäkologisches Material mitspricht. Zweifellos sind am besten zu bewerten die Angaben der Prosektoren, bei welchen das Material der verschiedensten Disziplinen gleichmäßig zusammenfließt. In dieser Hinsicht scheint mir namentlich die Statistik Lubarschs für Düsseldorf von Bedeutung, welche dieser Pathologe in den Jahren 1908—1910 an 1429 Sektionen erhoben hat. Die Hälfte aller Leichen wies irgendwelche Zeichen von krankhaften Folgen der Infektion mit dem Kochschen Bazillus auf, 20,7 pCt. sind der Phthise erlegen.

Lubarschs Feststellungen bezogen sich auf eine große Industriestadt, ihr kann man gegenüberstellen die Nachweisung des Greifswalder Pathologen Grawitz, der an einem weitaus mehr ländlichen Menschenmaterial seine Beobachtungen gemacht haben dürfte. Hier finden sich nur 25,75 pCt. der Leichen mit phthisischen Anzeichen belastet. 18,66 pCt. unter 1104 Sektionen boten phthisische Erkrankung als Todesursache dar. In Mainz konnte in den Jahren 1917 und 1918 unter 1026 Sektionen in 25 pCt. die Todesursache in phthisischen Leiden erkannt werden. Im Jahre 1919 ist bei 553 Sektionen diese Zahl noch gestiegen auf etwa 27 pCt., während im ganzen bei etwas mehr als 50 pCt. der Gestorbenen die Anzeichen der wirkungsvollen phthisischen Infektion sich in den verschiedensten Ausbildungsgraden ergeben haben. Diese Zahlen, welche ich in Mainz feststellte, müssen als Minimalzahlen gelten, da mir erstens ein sehr reichliches Beobachtungsmaterial an Neugeborenen zur Verfügung steht, da ich andererseits nur wenige Obduktionen an älteren Menschen mit ausgesprochen chronischen Erkrankungen zu machen in der Lage bin. Ich glaube aber, daß diese wenigen Zahlen genügen, Sie von der brennenden Notwendigkeit zu überzeugen, auf der einen Seite die große Gefahr der Phthiseinfektion einzudämmen, auf der anderen die daran Erkrankten frühzeitig einer ausgiebigen Hilfe zuzuführen. Wie ist das zu machen?

Alle Infektionskrankheiten können auf zwei Wegen bekämpft werden, und beide Wege müssen beschritten werden, soll ein möglichst guter Erfolg in kurzer Zeit bemerkbar sein! Der eine Weg wird vom Hygieniker begangen, der andere vom Arzt. Der eine will die Bedingungen für die Infektion möglichst gering gestalten, er will Neuinfektionen ausschließen. Der andere will den Infizierten und Erkrankten vor einer verderblichen Ausbreitung des Übels in seinem Organsystem schützen, will den Patienten heilen, wodurch ebenfalls ein Faktor für die Weiterverbreitung der Krankheit ausfällt.

Es ist nicht meine Sache, hier breiter darzutun, welche Mittel zur Vorbeugung der Phthise zu ergreifen sind. Aber ich kann es mir nicht versagen, ganz kurz einige gewiß banale, alte Wahrheiten wieder vorzubringen, deren absolute Richtigkeit vielfach noch nicht eingesehen oder wieder vergessen oder leichtsinnig übersehen worden ist und leider immer wieder übersehen wird. Wenn der Tuberkelbazillus, was keinem Widerspruch begegnet, von außen mit dem Staub oder mit dem Schmutz in den Körper gelangt, und wenn er aus dem Körper hauptsächlich mit dem Lungenauswurf auf die Erde kommt, um dort zertreten zu werden und im trockenen Staub Verbreitung zu finden, so daß also das Gegenspiel zwischen menschlichem Organismus und Schmutz sich immer wieder und wieder im Wechsel abwickeln kann, dann muß der Ruf nach Reinlichkeit sich wie ein kategorischer Imperativ erheben. Zweifellos ist die Seife bei genügender Anwendung ein vorzüglicher hygienischer Faktor. Allein es besteht ein Mißverhältnis zwischen der Wertschätzung der Seife als dem Symbol der Reinlichkeit und der rücksichtslosen, gewohnheitsmäßigen Unmanier, um nicht zu sagen Ungezogenheit, des freien Ausspeiens in Siedelungen, auf Straßen und Plätzen, in den Fahrzeugen der Verkehrseinrichtungen, in Wohnstätten und Arbeitsräumen. Möge niemand die ungeheure Bedeutung dieser Ungezogenheit gering achten! Ich habe mir einmal die Arbeit gemacht, auf einem „vielbespuckten Weg" der Stadt, der wenig besonnt war und aus Steinfliesen bestand, von etwa 20 verschiedenen Auswurfstellen Material mit Tupfersonden in gesonderte Gläschen aufzunehmen und habe in fast der Hälfte der Proben mit der Ziehlschen Färbung säure- und alkoholfeste Stäbchen vom Aussehen der Kochschen Bazillen nachgewiesen. Das war aber nicht gerade an einem Orte, welchen Lungenkranke besonders frequentieren. Das war mitten in einer rheinischen Stadt mit rund 100 000 Einwohnern.

Dem Willen zur Vorbeugung der Infektion mit dem Erreger der Phthise muß daher die dringende Forderung verbunden sein, daß alle lehrhaften und erzieherisch wirkenden Stände im Volksganzen, also nicht nur der Arzt, nicht nur das Krankenpflegepersonal, sondern auch alle Kategorien der Lehrerschaft und Geistlichkeit in Stadt und Land nachdrücklich mit Wort und Beispiel das Ihre tun, die rohe

Unsitte des Ausspeiens zu brandmarken und zu unterdrücken. Gelingt es uns nicht, dies durchzuführen, dann werden wir nie auf dieser Front der Phthisenbekämpfung Sieger werden.

Auch darf man nicht vergessen, die Rolle des Wohnungselendes für die Verbreitung der Phthise zu bedenken. Enge, lichtlose, schlecht lüftbare Wohnungen werden erfahrungsgemäß sehr selten sauber gehalten. Andererseits pflegen sie von mehr Menschen benutzt zu werden, als es die Hygiene gern sähe. Vielfach wird in solchen Räumen auch noch Handarbeit geleistet. Unmengen von Schmutz und Staub können sich hier sammeln. Sie werden im Verein mit Auswurfteilchen phthisischer Menschen häufig die Quelle von Neuinfektionen mit dem Keime der Tuberkulose. Dies gilt es zu berücksichtigen, wollen wir richtige Fürsorge für Phthisiker treiben, wollen wir namentlich den Nachwuchs vor der Phthise schützen. Denn gerade die phthisischen Infektionen im Kindesalter dürfen wir gewiß ebenso als eine Schmierinfektion ansehen, wie als eine Einatmungsinfektion. Durch das Umherkriechen der kleinen Kinder, eine an und für sich dem Kinde sehr zuträgliche Bewegung, wird die Gelegenheit zur Infektion mit dem Bodenschmutz und seinen organischen Beimengungen gegeben. Man ist vielfach geneigt, diesen Umstand geringer zu bewerten als er es verdient. Für solche Anschauungen mag der Befund der Dermatologie als Korrektur dienen, welche im Schmutz unter den Fingernägeln gesunder, kleiner Kinder in überraschend hoher Prozentzahl neben anderen auch Tuberkelbazillen hat nachweisen können.

Es gehört also die Aufmerksamkeit und gewissenhafteste Behandlung der jetzt so akuten Wohnungsfrage mit in das große Gebiet derer, welche Infektionskrankheiten, vor allem die Phthise, bekämpfen wollen.

Es scheint mir, als ob die Wohnungsfrage noch viel zu wenig bei der Bewertung der Bedingungen für das Zustandekommen der Phthise von maßgebenden Autoren gewürdigt worden wäre, und als ob andererseits die mit der Regelung des Wohnungswesens Betrauten nicht genug damit vertraut seien, wie sehr Wohnungsknappheit, Wohnungsschmutz, dunkle, enge und feuchte Wohnungen mit der Phthiseogenese zusammenhängen. Man darf in diesem Sinne getrost der Wohnungsfrage die gleiche Aufmerksamkeit widmen, wie der Frage der Schädigung der Arbeiter durch gewerbliche Einflüsse; ja, es macht mir den Eindruck, als hätte für das Volkswohl die Behandlung der Wohnungsfrage im Zusammenhang mit der Phthiseprophylaxe mehr Bedeutung, als z. B. die Frage des gewerblichen Arbeiterschutzes in Verbindung mit der Phthise.

Der Hygieniker weiß, daß durch ein Auseinanderziehen der Siedelungen, daß durch eine Entlastung der einzelnen Wohnungen an Bewohnern die Sauberkeit und Wohnlichkeit zunimmt, daß der einzelne Bewohner ein größeres Interesse an der Gemütlichkeit, Bequemlichkeit und Reinheit seiner Wohnung gewinnt, und dies Interesse in der Tat zu bewähren sucht. Wenn diese Tatsachen feststehen, sollte man sie bei den Maßnahmen zur Steuerung der Wohnungsnot zur Geltung kommen lassen, um eben die Volksgesundheit nicht durch Begünstigung der Entstehung und Verbreitung von Phthise und anderen infektiösen Krankheiten zu schmälern. Hiernach dürfte eine Rationierung kaum der richtige Weg zur Steuerung der Wohnungsnot sein. Nur eine Schaffung neuer Siedelungen unter Berücksichtigung guter Licht- und Luftverhältnisse kann in Frage kommen. Gänzlich zu verwerfen ist der Einbau von Notwohnungen in unsachgemäße Speicher- und Kelleranlagen ehemaliger Kasernen usw., wobei vielfach nicht die nötige Trennung der Einzeldomizile zu gewährleisten ist, und das Verantwortlichkeitsgefühl für peinliche Sauberkeit nicht genügend geweckt oder wach gehalten werden kann. Gewiß kostet die Regelung der Wohnungsfrage in unserem Sinne, der das englische Wort: „My house is my castle", vor Augen sieht, viel Geld. Allein dieses Geld muß sich an der körperlichen und seelischen Gesundheit der Volksgenossen verzinsen, es ist nicht zu teuer erkauft.

Nur so viel von den Vorbeugungsmaßnahmen!

Für uns als Ärzte erscheint vielleicht der andere Weg der Bekämpfung noch näherliegend, der Weg nach geschehener Infektion der Krankheit zu Leibe zu rücken, den Leidenden zu heilen oder ihm doch mit Rat und Tat so weit beizustehen, daß er einen Zustand erreicht, welcher ihn als leistungsfähiges Glied der Gemeinschaft erscheinen läßt und welcher es nach Möglichkeit ausschließt, daß der einzelne Patient zur Quelle neuer Infektion wird. Um dies zu vermögen, muß der Arzt geschult sein in der Erkennung und in der Bewertung der Erscheinungen jeder phthisischen Erkrankung. Von seiner Diagnose und Prognose hängt unter Umständen alles ab. Da die diagnostische und prognostische Beurteilung der durch die Wirkung des Kochschen Bazillus erzeugten Affektionen im wesentlichen abhängig ist von Sitz, Grad, Ausdehnung und Erscheinungsform des Leidens, ist für jeden Arzt, der sich mit der Beratung und Behandlung phthisisch Kranker abgibt, die pathologisch-anatomische Erkenntnis dieser Krankheit unbedingt notwendig. —

Die Entwicklung der verschiedenen medizinischen Disziplinen, welche rasch und nicht immer mit dem nötigen gegenseitigen Konnex fortschritten, hat es mit sich gebracht, daß die Benennungen gleicher Begriffe nicht immer logisch entwickelt wurden, daß eine gewisse Ungenauigkeit, manchmal auch Verwilderung in den Schatz unserer Bezeichnungen eingedrungen ist, oder daß Benennungen mit historischem Recht bestehen blieben, welche durch die neue Forschung als nicht umfassend genug, ja sogar als fehlerhaft dargetan worden sind. Wenn sich die verschiedenen Disziplinen glatt verständigen wollen, oder wenn der außerhalb der Spezialfächer stehende Arzt einfach und mühelos die Ausführungen und den Gehalt der speziellen Wissenschaft verstehen soll, wie das bei Betrachtung der Phthise nötig erscheint, dann ist eine möglichst exakte Namengebung zu fordern, eine Namengebung in ätiologischer Hinsicht, welche soweit als möglich bereits einen prognostischen Wertinhalt besitzt.

Dieser Forderung ist im allgemeinen auf dem Gebiete der Phthise bisher nicht genügt worden. Es herrschte vielmehr gerade hier bis vor kurzer Zeit eine Verwirrung und mangelnde Präzision der Begriffe[1]). Infolgedessen wird es nötig sein, in den folgenden Zeilen von Grundbegriffen allgemein pathologischer Natur auszugehen, welche für jeden Pathologen, ob er am Krankenbett, am Sektionstisch oder im Laboratorium arbeitet, gewiß bindend sein könnten. Von diesen Begriffen ausgehend, kann sodann der spezielle Gegenstand, der durch den Kochschen Bazillus bedingten verschiedenartigen krankhaften Erscheinungen näher beleuchtet werden.

Infektion und Infektionskrankheit sind keine gleichwertigen Begriffe. Wenn man die „Krankheit" nach Eugen Albrecht auffaßt als den gestörten Lebensverlauf zwischen einer Schädigung des lebenden Ganzen und seiner Wiederherstellung oder Vernichtung, so wird man unter der „Infektionskrankheit" eine Krankheit verstehen, bei welcher der gestörte Lebenslauf als spezifische körperliche Reaktion auf die Infektion, d. h. auf das Hineingelangen der Krankheitserreger in den Körper zu beziehen ist. Die „Infektion" ist als ein einzelner, mit dem Moment des Eintritts der Keime in den fremden Organismus abgeschlossener Vorgang zu betrachten; der Ausdruck „Infektion" ist ohne jedes Werturteil, wenn ich dies moderne Wort gebrauchen darf, über die etwaigen Folgen zu verstehen. Es kann die Infektion ohne weitere Wirkung bleiben, oder aber es kann ihr ein stürmischer Erscheinungsprozeß seitens des Organismus folgen, für welchen die Eigenschaften der infizierenden Keime als auch des infizierten Körpers Hauptbedingungen sind.

Die Begriffe „Infektion" und „Infektionskrankheit" sind nicht immer streng auseinander gehalten worden. Man hat vielfach mit der Benennung Infektion schon die Krankheit im Auge gehabt; man kettete Ursachen-Begriff und Wirkungs-Begriff so eng aneinander, daß es notwendig erschien, die Tatsache des reaktionslos erfolgten Eindringens der Keime in den Organismus noch mit dem Worte „Invasion" auszudrücken. Das ist eine Konzession an diejenigen, welche nicht gewöhnt sind, einen alteingewurzelten Begriff des ihm angehängten falschen Wertes zu entkleiden, sondern ihn weiterhin

---

1) Wenn man sich allerdings auf den Standpunkt stellt, mit dem eingebürgerten Namen einer Krankheit, z. B. dem Namen „Tuberkulose", der ja nur einer morphologischen Erscheinung entspricht, einen bestimmten ätiologischen Begriff zu verbinden, der hier im Kochschen Bazillus wurzelt, dann genügt die Bezeichnung, trotzdem sie nicht präzis ist. Sie genügt vor allem, weil der Krankheitsbegriff Tuberkulose fast international wurde. Gleichwohl hat die Aschoffsche Benennung viel für sich. Sie entspricht übrigens der englischen Bezeichnung.

fälschlich anzuwenden, weil man das nun einmal so pflegt. Eine logisch bedingte Notwendigkeit lag für die Einführung des Begriffes „Invasion" nicht vor.

Gerade auf dem großen Gebiete der Phthisiatrie und der Tuberkuloseforschung sind klarste Begriffsbestimmungen notwendig, ja von höchster Wichtigkeit. Das kann allein schon daraus hervorgehen, daß eine so gründliche Schule wie diejenige Virchows immer wieder, und zwar in der Person Virchows selbst, Orths und Aschoffs zu diesem Thema bedeutsame Bekundungen tat. Wir werden nachher sehen, in welches Dilemma uns die Tuberkulosenomenklatur in dem Moment brachte, als die Reaktionsweise dieser Infektionskrankheit an den Geweben sich durchaus erklären ließ.

Wenden wir uns zunächst kurz der klinischen Charakterisierung der Krankheit zu, welche der invadierte Kochsche Bazillus im Organismus verursacht! Da hören wir oftmals, die Krankheit sei latent. Das soll nicht etwa heißen, man könne die Krankheitsherde nicht nachweisen, man könne keine greifbaren Symptome des verborgenen Krankheitssitzes, des „okkulten Prozesses" finden, sondern das heißt, daß auf ein ganz effektives, merkbares Stadium der Krankheit ein Stadium absoluter Ruhe eingetreten ist, bei dem die Krankheitsvorgänge vielleicht derartig gering und lokal sich abspielen, daß keine klinisch allgemeinen und keine klinisch lokalen Anzeichen feststellbar sind. Diese Auffassung einer Latenz der Krankheit wird von manchen schon für ein Inkubationsstadium herangezogen[1]), ehe der Effekt der Infektion sich im Engern und Weitern des Organismus zeigt. Latent ist nach meiner Anschauung die Krankheit dann, wenn auf eine Periode deutlichen Krankheitsaffektes eine Periode uneingeschränkter Leistungsfähigkeit folgte, ohne daß sich zu den subjektiven Zeichen der überwundenen Krankheit die objektiven Zeichen der anatomischen Heilung gesellten. Recht oft wird die Phase der Latenz zugleich okkult sein, doch muß es nicht so sein, da z. B. die Röntgendiagnostik erlaubt, latente Herde zu manifestieren, aufzufinden. Daß von diesen Begriffen streng zu unterscheiden sind die Bezeichnungen „offen" und „geschlossen", ist wohl klar. Wie Sie wissen, charakterisieren sie nur das Verhältnis des phthisischen Prozesses im Organismus zur Umwelt; können von einem Krankheitsherde Keime nach außen gelangen, so ist der Herd offen, ob es nun ein Lungenherd, ein Darmherd, ein Nierenherd, ein Skelettherd oder

---

1) Ich halte es für nicht wünschenswert, ja für falsch, den Begriff der „Inkubation" mit dem der Latenz — auch in Form einer „ersten Latenzperiode" — zu verwirren.

eine Hauteruption ist. Verläuft aber die Krankheit mit stark entzündlichen Umwallungen und Sicherungen der spezifischen Herde und ihrer Keime, dann ist der Prozeß geschlossen, mag er noch so effektiv und manifest sein. Ein und derselbe Krankheitsprozeß kann je nach seiner Ausdehnung und Wirksamkeit, je nach der Dauer und Art seines Verlaufes all diese Charakteristika zum Teil sogar nebeneinander beanspruchen. In seinem Verlauf werden sich vielleicht Phasen unterscheiden lassen, welche dazu zwingen, den Krankheitsprozeß als progredient oder als stationär zu kennzeichnen. Aus dem stationären Verhalten kann sich sodann wohl das der Latenz entwickeln. Der Unterschied mag hier nur so sein, daß aus dem symptomreichen, klinisch allgemein leicht greifbarem Krankheitsgeschehen ein uns allgemein symptomlos erscheinender, aber doch mit Mitteln der Autopsie nachweisbarer Krankheitsherd wurde. Verödet derselbe infolge strenger Abkapselung, versteinert er gar, so spricht man auch von obsoleter Erscheinung. Diese muß immer noch nicht eine Heilung in dem Sinne vorstellen, daß die Keime, die den Herd erzeugt haben und im Herde liegen, restlos überwunden, getötet seien, wenn sie auch praktisch in vielen Fällen einer Heilung gleichkommen kann. Wir wissen, daß auch verkalkte Tuberkelherde, die von Narbengewebe umscheidet waren, noch infektionstüchtige Bazillen enthielten.

Wird die kritische Anwendung all dieser den Grad der Ausdehnung und die klinische Eigenart des Krankheitsprozesses bezeichnenden Charakteristika in der Namengebung allgemein nicht auf Hindernisse stoßen, so können wir jedoch nicht erwarten, daß sich ungezwungen die Ärztewelt die Bezeichnung Tuberkulose für die durch Kochsche Bazillen bedingten Krankheitsprozesse entwinden läßt. Und doch wird auch im Gebrauch dieser Bezeichnung ein Wandel eintreten müssen, wie Aschoff und seine Schule, namentlich Nicol, wie ich glaube, mit Recht betonen.

Wenn wir die Notwendigkeit eines solchen Wandels verstehen und anerkennen wollen, müssen wir uns der allgemeinen Pathologie der Entzündung erinnern. Wir verstehen unter Entzündung ein kompliziertes, örtliches Geschehen des Organismus, das bedingt ist durch Anhäufung oder Wirkung schädigender Stoffe, ein Geschehen, das diese Stoffe unschädlich zu machen geeignet ist, und das ihrer Beseitigung dienen kann. Nach Lubarsch, dessen Definition der Entzündung wir uns anschließen, kommen dabei nacheinander, oft aber weit ineinander übergehend, ja oft scheinbar nebeneinander geordnet Gewebsstörungen, Austritt von zelligen und flüssigen Blutbestandteilen in die Gewebe und Gewebswucherungen zustande. Aus dem Komplex dieser alterativen, exsudativen und proliferativen Erscheinungen setzt sich jede Entzündung zusammen, mag auch die eine oder andere der drei Phasen uns kaum in die Augen fallen. Zumeist gilt es von der alterativen Komponente, daß sie nicht feststellbar ist. Sie kann so schnell vorübergehen, vielleicht so unscheinbar sein, so leicht von den nachfolgenden exsudativen Erscheinungen verdeckt werden, daß sie uns nur mangelhaft oder gar nicht zur Erkenntnis kommt. Wesentlich anders pflegt es mit der exsudativen Komponente zu sein. Sie steht so sehr im Mittelpunkt des entzündlichen Geschehens, daß sie von manchen Autoren als „die eigentliche Entzündung" betrachtet wird. Auch diese Phase des Lubarschschen Entzündungskomplexes ist nicht einfach. Die entzündlichen Ausschwitzungen können seröser, schleimiger, blutiger, eitriger, fibrinöser Natur sein. Sie werden begleitet oder sind gefolgt (z. T. bedingt) von ungewöhnlichen Anhäufungen zelliger Elemente, die teils dem befallenen Gewebe entstammen, sich loslösten und untergehen, teils aus Blutgefäßen einwanderten, teils ausgepreßt werden, teils im Exsudat aus Wucherung von wandernden Blutzellen und Lymphelementen erwuchsen, teils von lebhaft sich teilenden seßhaften Gewebselementen entstammen und sich als Gewebswanderzellen im Entzündungsgebiet betätigen. Die Tatsache der Proliferation von seßhaften Gewebszellen führt über zur dritten Phase im Entzündungskomplex, zur produktiven Komponente. Bei ihr treten Wucherungserscheinungen an den fixen Gewebszellen des Stromas in den Vordergrund, wenn schon alterative und exsudative Erscheinungen nicht ganz fehlen oder mit ihr alternieren können. Wesentlich auf diesem Proliferationsvermögen des entzündeten Gewebes beruht die Wiederherstellung, die Rekreation und Reparation geschädigter Organteile. Durch Neubildungsvorgänge, welche größtenteils von den bindegewebigen und gefäßführenden Interstitien ausgehen, werden zerstörte Gewebsteile ersetzt, Lücken ausgefüllt. Es tritt eine entzündliche Neubildung auf, die als Granulationsgewebe allgemein im ärztlichen Sprachgebrauch eine Rolle spielt.

Granulierende Entzündungen können sich recht lange hinziehen, einen eminent chronischen Charakter annehmen. Dies ist namentlich dann der Fall, wenn ihnen spezifische Keime bestimmter Art als Schädigungsfaktor zugrunde liegen, wie z. B. der Kochsche Bazillus. Durch solche Erreger, die sich nicht leicht von der Entzündung vernichten und beseitigen lassen, werden in langdauerndem Prozesse Gewebswucherungen ausgelöst, die man als infektiöse Granulationsbildungen bezeichnet, wohl auch als „spezifische Granulome", als „infektiöse Granulationsgeschwülste". Derartige entzündliche Granulome in Knötchenform und Knotenform werden indes von den verschiedensten erregenden Ursachen abgeleitet. Sie werden im Verlaufe der Syphilis als Gummiknoten, der Strahlenpilzerkrankung, der Rotzkrankheit usw. gefunden. Vor allem aber stellen die der Infektion mit Kochschen Stäbchen folgenden chronischen, entzündlichen Gewebsveränderungen typische Knötchen dar, typische Tuberkel, die dazu führten, jeder Krankheitserscheinung den Namen Tuberkulose zu geben, welcher der Kochsche säure- und alkoholfeste Bazillus als Erreger zugrunde liegt.

Die Benennung „Tuberkulose" ist einseitig; ja sie ist in mehrfacher Hinsicht geradezu falsch, und das rührt daher, daß man vor Kenntnis der spezifischen Ätiologie nichts präjudizierend die so banale, durch hirsekorngroße und größere, oft massenhafte Knötchen ausgezeichnete Krankheit rein nach dem morphologischen Eindruck als Tuberkulose benannte — in sicherer Abtrennung von der käsigen Pneumonie, einem vorwiegend exsudativen Prozeß. Als man den Erreger der Knötchenbildung im Kochschen Bazillus erkannt hatte, ging der den Effekt der langdauernden Infektionswirkung bezeichnende Begriff „Tuberkel" in die Benennung des Erregers über, der von nun an mit allzu enger und allzu weiter Charakterisierung „Tuberkelbazillus" hieß, geradezu, als ob er nur Tuberkel erzeugen und als ob er allein eine Knötchenbildung im Organismus anregen könnte. Die Folge davon war eine Inkonsequenz der weiteren Begriffsbestimmung. Man mußte nunmehr bald einen „echten" Tuberkel zu unterscheiden suchen von einem „falschen" (ätiologisch ganz andersartigem) „Tuberkel" oder einem „Pseudotuberkel"; und als man aus dem Bazillennachweis lernte, daß das Kochsche Stäbchen auch rein exsudative Erscheinungen an Geweben nach sich ziehen kann, sprach man vom „Tuberkelbazillus" ausgehend — wohl auch von einer „tuberkulösen, exsudativen Entzündung" oder „exsudativen Tuberkulose". Diese Inkonsequenz mag daher gekommen sein, daß im Verlaufe käsiger Entzündungen etwa am Rande des Krankheitsherdes fast regelmäßig Knötchenbildungen eingeleitet werden; andererseits daher, daß der typische Tuberkel auch wiederum durch exsudative Erscheinungen, wie Ausschwitzung eines Fibrinnetzes usw. ausgezeichnet sein kann. Gleichwohl sind die angeführten Benennungen nicht als sehr glücklich zu bezeichnen.

Ihr Gebrauch hat sich, obwohl Orth frühzeitig dagegen Front machte, leider erhalten, und wenn neuerdings Aschoff mit zäher Energie es abermals versucht, die Inkonsequenz der Benennung auszumerzen, so muß ihm wohl jeder, der das anatomische Wesen der fraglichen Krankheit durchschaut, und der andererseits die Bedeutung der anatomischen Klarstellung für die klinische Arbeit als eine vordringliche Forderung zu schätzen weiß, dafür dankbar sein und sein Bemühen unterstützen, auch wenn er zunächst nicht ganz frei von Bedenken hört, welche Benennung Aschoff für die fraglichen Begriffe einführt[1]). Er benennt alle durch den Kochschen Bazillus bedingten Veränderungen als „Phthisis", einen Begriff, der rund zwei Jahrtausende älter ist als der der „Tuberkulose", einen Begriff, den bereits Celsus als eine von den Griechen gebrauchte Benennung für eine bestimmte Form abzehrender Erkrankung bezeichnet hat. Mit viel Nachdruck hat Aschoff darauf hingewiesen, daß man im Altertum unter Phthise nicht die Zerstörung des Lungengewebes[2]), sondern eine allgemeine Krankheit verstand, einen allgemeinen Rückgang der körperlichen Verfassung, einen „allgemeinen Körperschwund", dem freilich zumeist die zehrende Lungenkrankheit zur Seite ging. Ausdrücklich weist er auf Aretäus als klassischen Schilderer der Phthise hin und betont, daß man unter diesem Begriff ursprünglich nicht den Lungenschwund, sondern die „Zeichen des allgemeinen Körperschwundes" verstand. Danach könne Phthisis auch als Bezeichnung der Infektionskrankheit verwendet werden, welche diesen Rückgang des körperlichen Zustandes bedingt[3]). Analog dem von Orth 1881 gemachten Vorschlage benennt er deshalb das Kochsche säure- und alkoholfeste Stäbchen als Bazillus der Phthise (Bacillus phthisicus), die dadurch bedingten Infektionserscheinungen als Phthisis; zur Charakterisierung des Krankheitssitzes wird die Organbezeichnung als Attribut beigegeben, also z. B. Lungenphthise, Darmphthise, Knochenphthise. Zur Kennzeichnung der Ausdrucksform des vorwiegend entzündlichen, bzw. vorwiegend produktiven, unter Knötchenbildung einhergehenden Geschehens im Rahmen derselben Krankheit

---

1) In dieser Hinsicht ist namentlich die Ausführung von Felix Marchand über Krankheitsbegriffe und Krankheitsnamen von Interesse. (Münchener med. Wochenschr. 1920. S. 681.)

2) Die Rokitanskysche Schule bezeichnete z. B. die durch Kavernenbildung ausgezeichnete Tuberkulose der Lungen als „Tuberculosis pulmonum cum phthisi".

3) Wenn Marchand die Krankheit nach dem Wesen bezeichnet wissen will, zweifellos eine sehr richtige Forderung, so kommt der Begriff „Phthise" dieser Forderung, wie ich glaube, ebenso nach, wie der Begriff „Tuberkulose". Umgekehrt könnte man wohl auch sagen, daß keiner dieser Begriffe das Wesen der Krankheit erschöpft. Bemerkenswert ist, daß vor Laënnec die Krankheit, der heute wieder der Name Phthisis nach Aschoffs Vorschlag allgemein zuerkannt werden soll, bereits allgemein so genannt worden ist. Sie wurde erst durch das Erkennen des Tuberkels als einer Granulationsgeschwulst verdrängt und so die Benennung zu sehr eingeengt.

kann man nun klar unterscheiden exsudative Phthise und tuberkulöse Phthise, zwischen denen natürlich Uebergangsformen vorkommen; von einer dualistischen Krankheitsauffassung braucht man also hier noch nicht zu reden. Auf andere die Formenstufen, die Lokalisationsverschiedenheiten und Ausdehnungswege berücksichtigende Beiwörter wird später eingegangen werden.

Wenn nun auch durch die bisherige einseitige ätiologische Benennung der Krankheit als Tuberkulose und durch die vielfach geübte Beschränkung des Phthisebegriffes auf die Lungenschwindsucht die neue Nomenklatur Aschoffs außerordentlichem Widerstand begegnen wird, so findet dieser seine Berechtigung schließlich doch wohl ausschießlich in einer Art von Konservativismus, dem mit einigem Recht der entschuldigende historische Mantel umgehängt werden mag. Dieser Widerstand, der zunächst ungeheuer erscheinen mag, läßt sich aber vielleicht doch brechen. Denn eine sachliche richtige Bezeichnung schließt eine Erleichterung des Verständnisses der zu bezeichnenden Krankheit in sich. Und dies Verständnis ist bei der Phthise für den Praktiker von höchster Wichtigkeit; denn wenn irgendwo, so ist hier die sichere Wertung und prognostische Beurteilung der Krankheit von höchstem praktischem und weittragendstem Interesse. Wir erblicken daher in Aschoffs Vorschlag nicht einen lächerlichen Anschlag gegen historisch berechtigten Usus, auch nicht einen Rückfall in die frühere dualistisch-ätiologische Auffassung von diesem Leiden, sondern einen der vollsten Unterstützung würdigen Schritt[1]) zur Schaffung größerer Klarheit und Einfachheit auf einem der wichtigsten Gebiete ärztlicher Wissenschaft und Praxis; und wir möchten uns seiner Benennungsweise anschließen, solange kein besserer Vorschlag die jetzige Bezeichnung verdrängt[2]).

Allein Aschoff und seine Schule haben ihre reformierenden Absichten noch eingehender zu gestalten verstanden, indem sie die mannigfaltige, bunte Vielheit der pathologisch-anatomischen Befunde der Lungenphthisiker zu sichten und so einzuordnen suchten, daß aus der Ordnung direkte Schlüsse für das klinische Verständnis erwuchsen.

---

1) Es wäre wünschenswert, wenn auch auf anderen Krankheitsgebieten zu enge und verwirrende Benennungen, die praktisch unselig wie ein veraltetes Gesetz wirken, richtig gestellt würden. Man denke nur an die durch den Löfflerschen Bazillus erzeugten Erscheinungen, die man kurzerhand als „Diphtherie" benennt, obwohl die Membran so oft fehlt.

2) Wenn natürlich der alte bisherige Usus sich mächtiger erweist, was sich erst nach etlicher Zeit wird erkennen lassen, sobald Gelegenheit war, sich mit Vertretern verschiedener Disziplinen über diesen Punkt auszusprechen, dann wird man, um Verwirrungen zu vermeiden, zu der als einheitlich geltenden Benennung sich bekennen müssen. Denn Aschoffs Vorschlag scheint mir nicht gemacht, um Konfusion zu schaffen, sondern zu vermindern.

Solche Versuche sind nicht neu. Denn schon lange trat an den Pathologen von seiten des Klinikers die Aufgabe der Einteilung heran, welche gestatten möchte, die klinische Erfahrung über Phthisen mit gutartigem Verlaufe und über Phthisen mit bösartigem Verlaufe nebst Zwischenstufen erkennen zu lassen. Eine solche Einteilung konnte man wohl versuchen vom Gesichtspunkte der Ausdehnung, der „Sedes morbi" aus zu geben, wie dies bei der bekannten Turbanschen Einteilung der phthisischen Lungenprozesse geschah. Dieses rein lokalistische Schema wurde wesentlich übertroffen, als Albert Fraenkel und Eugen Albrecht die anatomische Grundlage mit dem klinischen Geschehen vereint als Richtlinie aufstellten und sowohl der Qualität des Prozesses, seiner räumlichen Ausdehnung, als auch seinen Verwickelungen Rechnung zu tragen suchten. Eines aber erfüllte dieses Einteilungsprinzip nicht: Es nahm keine Rücksicht auf die Pathogenese der einzelnen Formen, deren Wertung jedoch dem Kliniker so sehr dienlich sein kann. Es mußte also das Bestreben der pathologischen Anatomen sein, unter Berücksichtigung des klinischen Bedürfnisses so klar einzuteilen und zu benennen, daß auch über den Werdegang, über die Entwickelungstendenz Bindendes zum Ausdruck kommt. Denn mit Recht weisen Aschoff wie Nicol darauf hin, daß alle die vielen Namen, welche Lehrbücher und Spezialarbeiten beim Kapitel der pathologischen Anatomie der Lungenphthise bringen, soweit es sich nicht um absolut käsige Lungenentzündungsformen handelt, unbestimmt und verwirrend sind. Aschoff konnte beispielsweise anführen: „Die häufigste tuberkulöse Erkrankung der Lunge, die bronchiogen bedingte gruppenförmige Knötchenbildung mit und ohne Verkäsung, trägt folgende Namen: Bronchitis und Peribronchitis tuberculosa, Lymphangitis tuberculosa peribronchialis, Tuberculosis chronica peribronchialis und perivascularis, Bronchopneumonia tuberculosa nodosa, käsige tuberkulöse Bronchopneumonie, peribronchiale tuberkulöse Lymphangitis, knotige tuberkulöse Bronchopneumonie, tuberkulöse, käsige Bronchitis und Peribronchitis."

Wollte man diesem verwirrenden Dilemma entgehen, war es notwendig, das Respirationssystem der Lungen nach seinen Einheiten zu scheiden und zu betrachten, wie sich die Prozesse, welche so vielfache Benennung gefunden, zu den Einheiten der Lungentopographie verhalten. Diesen Weg ist die Aschoffsche Schule gegangen. Nicol ging vom Lungenlobulus aus. An zwei schematischen Zeichnungen aus seiner Abhandlung in den Beiträgen zur Klinik der Tuberkulose (Bd. 30, S. 240) wird die Einteilung leicht klar. Er stufte in üblicher Weise den Bronchialbaum ab und legte Wert auf die Begrenzung der

Stellen, wo jeweils die Bronchialverzweigung in das System der respiratorischen Bronchioli übergeht, weiterhin dann in das Infundi-

Abbildung 1. (Aus Nicol.)

Schema des Lungenläppchens, Lobulus (nach Laguesse).
A interlobulärer Bronchus, *B* Endbronchien, *b* Bronchioli, *r* azinöser Bronchiolus (Bronchiolus respiratorius), *a* Azinus.

Abbildung 2. (Aus Nicol.)

Ein Azinus (Schema).
br Bronchiolus respiratorius, *a* Alveolargänge und Alveolen.

bularsystem, d. h. in die Alveolargänge und in die Lungenbläschen (Ductuli und Sacculi alveolares). Dies ganze Alveolarsystem (Infundibularsystem), soweit es von einem Bronchiolus respiratorius abstammt, benannte er zweckmäßig mit Rindfleisch und Laguesse als „Azinus", eine wie mir scheint sehr vorteilhafte und begründete Bezeichnung. Der Azinus ist also ein Unterbegriff des Lungenläppchens. 30 (Rindfleisch) bis 100 (Laguesse) Azini erfüllen einen Lobulus. Azini verschiedener Bronchiolargänge sind ständig intermittierend gelagert und lassen zwischen sich feine Lungengefäßverzweigungen ebenfalls intermittierend verlaufen. Auch diese Verhältnisse werden durch eine aus Nicols schöner Abhandlung über Entwickelung und Einteilung der Lungenphthise entnommene Abbildung leichter verständlich.

Abbildung 3. (Aus Nicol.)

Ineinanderschachtelung (Interposition, Intermission) der Bronchialsysteme und der Gefäßverzweigung (schematisch). (Aus Nicols Arbeit übernommen.) B Bronchiolus. G Gefäße. Verschiedene Azinussysteme: *br* bis *br3* verschiedene Systeme von Bronchioli respiratorii, *a* bis *a4* verschiedene Alveolargangsysteme.

Wir fragen uns nun, hat denn diese anatomische Einteilung, dieser Azinusbegriff solche praktische Vorteile, daß es sich lohnt, seine Anwendung zu betreiben? Die Frage ist zu bejahen, denn systematische Untersuchungen Nicols, auf dessen Ausführungen ich breit fuße, haben gezeigt, daß alle jene Phthiseformen, beginnend vom Knötchen bis zum Knötchenkranz und zum Knötchenkonvolut, welche anscheinend peribronchial gelegen sind, daß alle diese uns tagtäglich bei Leichenöffnungen von Schwindsüchtigen begegnenden banalsten Formen der Lungenphthise aus der Azinusabgrenzung und Azinuslagerung innerhalb des Bronchialsystems zu erklären sind. Zunächst erkrankt die Azinuswand. Sie zieht den ganzen Azinus in Mitleidenschaft, der als ein rundliches oder verzweigtes oder einseitig ausgezogenes, graugelbes Knötchen erscheint. Durch respiratorische Infektion wie durch Kontaktinfektion kann aus diesem azinösen Herd ein Nachbarazinus ergriffen werden usw. Schließlich ergibt sich ein Kranz von phthisischen Azini, welche aber durchaus nicht einem respiratorischen Bronchiolarsystem, ja nicht einmal unbedingt einem lobulären System anzugehören brauchen. Dadurch, daß die Azini jeweils einen Bronchiolus bzw. Bronchus umlagern, konnte beim Vorhandensein einer Konfluenz azinöser Knötchenherde der Eindruck gewonnen werden, es handele sich primär um eine Peribronchitis tuberculosa bzw. um eine Lymphangitis peribronchialis tuberculosa. Nun soll die neue pathogenetische Deutung aber nicht etwa das Vorkommen einer richtiggehenden Bronchitis tuberculosa oder einer peribronchialen Lymphangitis phthisica leugnen. Wenn, was bald genug vorkommt, der phthisische Prozeß von den einzelnen Azini nach außen wirkt, d. h. wenn er sich von der Azinuswand gegen die intermittierenden Gefäße hinzieht, werden schnell die Lymphgefäße in Mitleidenschaft kommen, und es kann tatsächlich eine phthisische Lymphgefäßentzündung zustandekommen, welche peribronchiale Lagerung hat. Zumeist wird aber wohl ein Abtransport phthisischen Keimmaterials in erster Linie nach den regionären Bronchiallymphdrüsen erfolgen und zur phthisischen Offenbarung in der ersten lymphatischen Etappenstation Anlaß geben. Die Beteiligung des Azinusstammes, des Bronchiolus respiratorius an diesen phthisischen Prozessen muß durch Abschluß der Lichtung des Atmungsweges zum Kollaps peripher gelegener Bläschenabschnitte führen. Andererseits wird die im Interstitium, in nächster Umgebung der zwischengelagerten Gefäßbahnen, lokalisierte spezifische Entzündung günstigste Bedingungen für eine proliferative Tendenz vorfinden. Mag das entzündliche Geschehen ganz kurz nach dem Eindringen und ersten giftigen Wirken des Phthisebazillus alterative und exsudative Reaktionen hervorgebracht haben, sogleich schließen sich unter relativer Ruhestellung des zugehörigen Azinusbereiches produktive Prozesse an, welche so sehr die Oberhand gewinnen, daß sie dem ganzen Geschehen das Gepräge aufdrücken. Es entstehen azinöse Knötchen und durch Konfluenz derselben azinöse Knoten mit zentralen oder peripheren, besser gesagt mit zwischengeschalteten Vernarbungsvorgängen, analog den Gefäßverzweigungen der Endbäumchen. Indes können die Knötchen und Knötchenherde wohl auch von ihrem Zentrum her mehr oder weniger weit verkäsen. Die Verkäsung scheint aber vielfach erst im Anschluß an gewisse Stadien der narbigen Proliferation in der Umgebung der Knötchen richtig zur Geltung zu kommen. Denn im allgemeinen neigen die azinösen und die azinös-nodösen Phthiseherde zu langsamem, ja richtig chronischem Verlaufe und zur Induration, wenn auch zugegeben ist, daß sie sich in subakuten Fällen deutlich und weitgehend regressiv verändern können.

Es sei also noch einmal darauf hingewiesen, daß Knötchen, welche, rein örtlich genommen, um einen Bronchiolus oder Bronchus herumgruppiert sind, in der Regel genetisch nichts mit der Wand dieses Luftröhrenzweiges zu tun haben. Es sind die vorher besprochenen azinösen Herde, welche analog den Lungenendbläschen verschiedener Azinussysteme sich um die Bronchialstämmchen drängen und so das Bild der Peribronchitis vortäuschen. Man darf dies anatomische Bild aber nicht so benennen, da die Benennung der Pathogenese zu entsprechen hat, und da in der Tat die Knötchenkränze um die Bronchiolen zumeist nicht von der umkränzten Bronchialwand herstammen, wenn auch gelegentlich bei einer Bronchitis phthisica sich sekundär eine analoge Peribronchialphthise lymphstromabwärts in einer ganz entsprechenden Erscheinungsform wird ausbilden können.

Wenn der phthisische Prozeß den Umfang größerer Herde durch Konfluenz und durch Weiterschreiten, etwa durch Fortkriechen im Bronchialbaum von der Peripherie nach dem Stamm hin annimmt, was nur bei einer raschen Erweichung seiner Produkte denkbar sein kann, so entstehen käsig-pneumonische Prozesse im lobulären Umfang; es sind dies die nodös-käsig-bronchopneumonischen Formen, welche viel heftiger und kurzdauernder zu verlaufen pflegen. Sie bekunden durchaus die Neigung zu einem akuteren Verlauf. Von einer Knötchenbildung ist hier viel weniger die Rede, als von exsudativen Prozessen, richtigen kleinsten Lungenentzündungen, deren Produkt in Fibrin und einem Exsudat zelliger Natur gegeben ist. Dies Exsudat besteht aus Leukozyten, kleinen und größeren runden lymphozytenähnlichen Zellen, vielleicht auch aus abgeschuppten Alveolarepithelien und wahrscheinlich aus frei gewordenen bindegewebigen Zellelementen. Es löst sich nicht, sondern pflegt nach der Eigenart des phthisischen Prozesses zu verkäsen. Die Käsemasse kann dann allerdings erweichen und zu Höhlenbildungen (Kavernen) Anlaß geben. Auf solche Weise entsteht bei Einbruch in die Luftröhrenverzweigungen eine sekundäre käsige Bronchiolitis und Bronchitis. Doch ist damit nicht gesagt, daß so immer und unabweisbar das Schicksal lobulär phthisischer Prozesse verlaufe. Auch hier macht sich ein proliferierender, granulierender Prozeß an den Rändern geltend. Gar oft alterniert er mit exsudativen Erscheinungen und verfällt selbst rasch der Nekrose und Verkäsung. Allein durch die granulierende Entzündung, welche auch hier mit interponierten, kollabierten und indurierenden Gewebsabschnitten zusammenfällt, können diese lobulären Herde förmlich abgekapselt und narbig durchwachsen werden.

Gegenüber diesen zwei lokalen Erscheinungs- und Ausbreitungsformen macht es mir den Eindruck, ebenso wie dies Aschoff und seine Schule ausdrückt, als ob in unseren Breiten die übrigen phthisischen Lungenerscheinungen in reiner Form etwas zurückstehen würden. Das ist die käsige Lobulärpneumonie, die entweder aus dem Zusammenschließen vieler bronchopneumonischer Herde entsteht, oder als Reaktion auf eine sehr massige Infektion bzw. als Ausdruck eines für die Kultivierung des Kochschen Keimes ganz besonders geeigneten Organismus im Sinn eines optimalen Nährbodens zu deuten ist. In unreiner Form kann sich bei Einstellung entsprechender Bedingungen die käsige Pneumonie als Komplikation auch einer recht chronischen Phthiseform bekunden. Dann flammt mit einem deutlichen Schube der langhinziehende Verlauf der Krankheit auf, er nimmt vielleicht sogar eine rasche, tragische Wendung.

Ganz im Gegensatz hierzu stehen die zirrhotischen Phthisen, denen ein langsamer, bindegewebig-produktiver Prozeß zugrunde liegt. Das Parenchym wird dabei eingeengt, das phthisische Gewebe umkleidet. Es ist das die Vermehrung und Verstärkung der Indurationsvorgänge, die vorhin schon für die einfachen phthisischen Prozesse umschriebener Ausdehnung gekennzeichnet wurden. Es können an diffusen zirrhotischen Phthisen auch in erhöhtem Grade Proliferationsprozesse beteiligt sein, welche einer interstitiell gelegenen Infektionswirkung ihre Entwicklung verdanken. Dabei ist an die lymphangitischen Prozesse spezifischer Natur zu denken.

Die Lymphangitis phthisica der Lunge ist eine noch nicht genügend geklärte Erscheinung. In reiner Form ist sie viel seltener, als man wohl leichthin annimmt. Daß Lymphgefäßtuberkulose die phthisischen Vorgänge im Azinusgebiet und im Bereich der Bronchialwandung begleiten kann, hat nichts erstaunliches an sich. Das ist auch oben bereits erwähnt worden. Viel seltener dürfte der Modus sein, daß in der umgekehrten Stromrichtung von undurchgängig gewordenen phthisischen Lymphdrüsen der Lungenpforte aus der Prozeß als tuberkulöse Lymphangioitis der Lunge sich ausdehnt, wenn er überhaupt vorkommt. Diese interstitielle Propagation kann zu Reihen von Knötchen mit Lagerung um Bronchien und Gefäße Anlaß geben und ziemlich schnell verlaufen. Wenn sie, die so nahe nachbarliche Beziehungen zu den Gefäßverzweigungen hat, in die Gefäßbahn einbricht, so führt dies zu einer weiteren, vom Interstitium der Lunge ausgehenden Komplikation. Es führt zu einer umschriebenen oder allgemeinen miliaren Phthise der Lungen. Entwickeln sich aus lymphangitischen Knötchen proliferativ große Knoten, so kann der Krankheitsverlauf nicht kurzdauernd sein und vermag andererseits eine mächtige interstitielle Zirrhose anzuregen, innerhalb deren Zügen wiederum ein Netzwerk von Tuberkeln bemerkbar sein mag. Es dürfte schwer, ja schier unmöglich sein, solche Formen scharf zu scheiden von denjenigen Phthisen, die von vornherein zu einer zirrhotischen Umwandlung des Krankheitsherdes neigten.

Auch die seither als Miliartuberkulose bekannte phthisische Erscheinung im Lungengewebe ist genetisch nicht ganz eindeutig. Es kann sich um rein hämatogen entstandene Knötchen im Interstitium handeln. Sie tragen von vornherein die Zeichen der Proliferation an sich. Jedoch ist dies nicht immer der Fall; denn es gibt auch miliare Herde, bei denen die produktive Entzündung weit hinter der exsudativen, verkäsenden Tendenz zurückbleibt; es gibt kleinste käsige Pneumonien, welche dem unbewaffneten Auge ebenfalls in Knötchenform erscheinen. Auch ist es nicht immer angängig, miliare Herdchen als Ausdruck einer interstitiellen Keimwirkung zu bezeichnen. Denn ob sie histogenetisch auf hämatogenem Wege, eventuell durch Ansiedlung der Keime im Alveolarbezirk entstanden, oder ob sie als Effekt einer aërogenen Infektion im äußersten Bläschenwandbereich zustande kamen, das läßt sich nicht für jeden Fall entscheiden.

M. H.! Wenn Sie bedenken, daß erstens exsudative und produktive Prozesse nebeneinander vorkommen, ja, daß sie alternierend am gleichen Orte wirken können, so daß hier ein richtiger Tuberkel, dort ein Bezirk käsiger Pneumonie momentan in Erscheinung tritt, oder daß charakteristische Tuberkel Ausschwitzungsprodukte, käsige Herde frische Randgranulationen zeigen, wenn Sie sich ferner überlegen, daß Schübe von miliaren Aussaaten im Verlauf chronischer, zur Erweichung neigender Phthisen vorkommen, daß andererseits die chronischen Lungenphthisen, neben zirrhotischen Prozessen das in der örtlichen Anordnung schon makroskopisch so variable Bild der azinösnodösen Phthise, wie auch der nodös-käsig-lobulärpneumonischen Herdchen aufweisen können, dann ergibt sich hieraus eine große Buntheit phthisischer Lungen, die wir oft genug auf dem Leichentisch sehen, und die in all ihren Einzelheiten doch für jeden Fall Rätsel bieten. Diese Buntheit wird noch durch die im Verlauf der Phthise eintretenden makroskopischen Gewebserscheinungen kompliziert. Denken Sie nur an die käsigen Phthisen mit der Neigung zum Gewebszerfall, mit der alsbald eintretenden Kavernenbildung. Und bedenken Sie auch, daß eine ulzeröse Phthise sich aus jeder akuten und chronischen Phthiseform, welche zur Gewebsnekrose oder zur Verkäsung Anlaß gibt, an einer oder an mehreren Stellen in mehr oder minder umfangreicher Weise entwickeln kann. Bedenken Sie weiterhin, daß die gleiche Lunge durch die verschiedensten Entwicklungsstadien, von der chronischsten Form einer zirrhotischen Phthise mit zentraler alter Kaverne angefangen bis zu den jüngsten akuten miliaren Formen oder zu den ausgedehnten, akuten käsigen Pneumonieherden ausgezeichnet sein kann, dann wird die Schwierigkeit der geistigen Reproduktion des Krankheitsgeschehens gewiß einleuchten. Um es zu verstehen, müssen die verschiedensten Einzelfragen der Verbreitungsweise der Phthise in der Lunge beantwortet werden.

Welche Wege stehen der Ausdehnung des Prozesses offen?

Es kann ein Herd sich zweifellos durch nach außen gerichtete Proliferation (sog. Apposition) vergrößern. Allein nicht jeder große Phthiseherd, sei er auch als Tuberkel erkennbar, sei er exsudativ-käsiger Natur wird so zu erklären sein. Vielmehr spielt hier eine andere Ueberlegung herein. Die Tuberkelbildung bzw. die Bildung des am Rand von Phthiseherden gewöhnlich aufzufindenden spezifischen Granulationsgewebes ist anerkanntermaßen gefäßarm. Die in der Peripherie des Herdes eintretende bindegewebige Gewebsverdichtung läßt schließlich wohl nur einen Säfteaustausch auf dem Lymphweg zu. Innerhalb dieses abkapselnden, indurierenden, narbigen Gewebes, in das der Lymphstrom bei seiner respiratorischen Ebbe- und Flutbewegung (Tendeloo) auch reichlich Rußpartikelchen einschleppen und zum Niederschlag bringen kann, können vom zentralen Phthiseherd aus lymphogen-metastatische Tochtertuberkel auftreten, welche den Mutterherd wie ein Kranzsystem umgeben und um so kleiner werden, je peripherer sie zur Entwicklung kamen, d. h. je jünger sie sind. Wäre der Lymphstrom sehr kräftig, so würde die Ruhe zur Entwicklung solcher Metastasen nicht gegeben sein, die Lymphe nähme, wie sie das ja regelmäßig im Beginn jedes phthisischen Affektes tut, infektiöses Material nach den Lymphdrüsen mit, eventuell auch weiter, da nicht stets die nächste, sondern eine ferner gelegene Etappe im Lymphstromgebiet, etwa eine subphrenische Drüse, zur Abfangung des Keimmateriales dient. Die Entwicklung der Phthise in den Lymphdrüsen und Lymphbahnen ist verschieden. Hier spielt, abgesehen von später zu behandelnden Immunitäts- oder Empfindlichkeitserscheinungen des Organismus, das Alter des Patienten eine große Rolle, vielleicht auch Umstände geweblicher Eignung und Immunität. Hier wie dort handelt es sich um Reaktionsbereitschaft, welche in ihrer Verschiedenheit durch die Tatsache oder das Fehlen immunisatorischer Voraussetzungen ebenso bestimmt werden mag als durch mechanische Eigentümlichkeiten, die bei erwachsenen Menschen unserer Breiten sich meist gegenüber den Jugendzuständen stark verändert haben. Für das frühe Kindesalter ist die Beteiligung des Lymphapparates, namentlich des Bronchial- und Trachealsystems eine bekannte Erscheinung. Das Gleiche fand ich nun aber auch höchst ausgeprägt und mit erstaunlicher Regelmäßigkeit bei einer größeren Reihe von Leichenöffnungen an Senegalnegern, die im zweiten und dritten Dezennium ihres Lebens in unseren Breiten einer relativ recht schnell verlaufenden Phthise zum Opfer gefallen waren. Da derartige Beobachtungen nicht häufig zu machen sind, und da der Phthisebefund bei diesen meist schmal gebauten, aber durchaus nicht schmalbrüstigen, nicht schwächlichen Vertretern einer uns fernstehenden Rasse genug des Interessanten bieten, möchte ich im folgenden kurz meine einschlägigen Wahrnehmungen berichten:

Von 26 Negern mit auffallend rasch sich entfaltender und ablaufender Phthise zeigten 23 die schwerste käsige Affektion der bronchialen und mediastinalen Lymphdrüsen. Der Prozeß erstreckte sich aber noch weiter auf die Halslymphdrüsen, auf die Achsellymphdrüsen, dann auf die abdominalen Lymphdrüsen an der kleinen Magenbiegung, an der Leberpforte, entlang dem Pankreas, bis in den Milzhilus. Ja, sie reichten entlang der Aorta bis in das Becken hinab. Wie ein Rosenkranz waren die veränderten Lymphstränge und Lymphdrüsen anzusehen, die ziemlich regelmäßig auch in der Nierengegend sich ausgebildet hatten. Zugleich aber fanden sich in 20 Fällen grobe, bis haselnußgrose Knoten der Leber und in 23 Fällen bis walnußgroße Knoten der Milz. 7 mal waren Lebertuberkel in die Gallenwege eingebrochen und gallig verfärbt. 17 mal waren die Nieren in ganz ähnlicher Weise in Mitleidenschaft gezogen, insofern sich dort hirsekorn- bis haselnußkerngroße Knoten im Rindengebiet fanden. Die Prostata war 2 mal phthisisch affiziert, 2 mal fand sich der gleiche Prozeß in der Samenblase. Je 1 mal fanden sich größere käsige Knoten im Myokard, in der Schilddrüse, im Pankreas; 1 mal bestand Harnblasentuberkulose, 1 mal eine periostale Phthise, 1 mal ein phthisischer Gelenkherd. 2 mal wurden, vermutlich primäre, käsige Lungenherde (im Sinne von Albrecht und Ghon) nachgewiesen. In 4 Fällen wurde vergeblich nach Lungenphthise irgendeiner Erscheinungsform gesucht.

Bei 22 Negern zeigten die Lungen teils schwere zusammenfließende, lobuläre und pseudolobäre käsige Pneumonien (16 Fälle) mit und ohne Sequestrierung (diese 8 mal), teils kamen ausgedehnte azinös-nodöse Eruptionen oder diffuse, verkäste, nodöse Aussaaten oder richtige allgemeine miliare Lungenphthise zur Beobachtung. Der Herzbeutel war 7 mal durch käsig-tuberkulöse Entzündung oder durch serös-hämorrhagischen Erguß affiziert. 16 mal war der phthisische Prozeß auf die Pleura übergegangen und hatte Anlaß zu massigem, serös-blutigem Erguß und weitgehender Lungenentspannung gegeben. 8 mal wurde eine tuberkulöse Peritonitis, meist mit serösem Erguß nachgewiesen. Nur 5 mal konnte beginnende Kehlkopfphthise, 1 mal beginnende Darmphthise in Form sehr kleiner und recht oberflächlicher follikulärer Ulzerationen nachgewiesen werden. 3 mal wurde eine terminale phthisische Leptomeningitis festgestellt.

Am auffallendsten erschienen uns die großknotigen Herde in Leber, Milz und Nieren. Es ist mir nicht bekannt, daß jemals eine solche Häufigkeit dieses an und für sich wenig beachteten Tuberkulosebildes gerade der Milz und Leber mitgeteilt worden ist.

Die Deutung dieser Beobachtungen ist nicht gerade einfach. Abgesehen von den verschiedenen durch Immunitätsverhältnisse bedingten Reaktionsphasen des Organismus im Verlauf einer Phthise und einer dadurch bedingten verschiedenen Ausbreitungstendenz und Ausbreitungsweise der phthisischen Affektion (im Sinne von v. Ranke) gibt die enorme Anfälligkeit des lymphatischen Systems auch unter regelmäßiger Einhaltung retrograder Bahnen bis ins kleine Becken viel zu denken. Und ich neige zur Annahme, daß die Ebbe und Flut im Lymphstrom auch in den Gebieten weit unterhalb des Zwerchfells zum Ausdruck kommt, und daß je näher das Organ dem Zwerchfell liegt, desto eher bei behinderter Durchlässigkeit der für die Lungen regionären Lymphwege infolge phthisischen Geschehens die respiratorische Zwerchfellfunktion durch steigende und fallende Lymphbewegung gewissermaßen die Propagation der Phthisebazillen bedingt. So gelangt dann das Virus bis ins interstitielle Gewebe der abdominalen Organe, also vor allem der Leber und Milz, vielleicht auch der Nieren.

Wie oben schon angedeutet wurde, bin ich zu der Anschauung gekommen, daß in Fällen schwerer Mediastinal- und subphrenischer Lymphdrüsenphthise eine retrograde lymphogene Phthiseausbreitung selbst bis in tiefe abdominale und retroperitoneale Eingeweide vorkommen kann. Man hat bisher zu sehr das Gebundensein der bronchialen Lymphdrüsentuberkulose an das Kindesalter betont. Meine Negerbeobachtungen beziehen sich auf erwachsene Menschen und nur ein rassengleicher Neger unter 28 Beobachtungsfällen bot das Bild, das wir von der chronischen Lungenphthise unserer Erwachsenen kennen. Dieser eine Neger war aber ein gereifter, wohl mehr als vierzigjähriger, vielleicht vorzeitig durch allerlei Strapazen gealterter Mann, der auch anscheinend schon länger in Berührung mit unserer Kultur stand. Er hatte eine richtiggehende Spitzeninduration der Lungen durch zirrhotische Prozesse und war einem ausgesprochen lange hingezogenen phthisischen Leiden mit Lungenkavernen, Kehlkopf- und Darmgeschwüren ohne mächtige Bronchialdrüsenerkrankung erlegen. Die Kenntnis dieser Negerbeobachtungen tut dar, daß es nicht eine nur an das Kindesalter gebundene Weite und Durchgängkeit der Lymphbahnen sein kann, welche zur Bronchialdrüsenphthise Anlaß gibt. Was aber dennoch das Lymphsystem solcher Neger mit dem der kleinen Kinder in gewisser Hinsicht gleichstellen lassen mag, ist die Beobachtung einer sehr geringen Verrußung der Lungen und der abführenden Lymphwege. Diese geringe Rußeinlagerung mit den deshalb ausbleibenden reparativen, die Lymphbahnlichtung einengenden oder abschließenden Prozessen scheint einen ungehinderten Abtransport der Infektionserreger nach den Lymphdrüsen zuzulassen und, da auch diese Drüsenknoten noch relativ frei von der Fremdkörpereinlagerung sind, erstens eine breite Ansammlung und Ansiedlung der Keime zu ermöglichen, zweitens eine Passage derselben zur nächsten Lymphdrüsenetappe. Hier ist dies jedenfalls eher möglich, als bei gealterten und koniotischen bzw. indurierten Lymphwegen und -drüsen. In dieser Tatsache sieht Aschoff und mit ihm Nicol ein Hauptmoment der Bevorzugung des lymphatischen Systems durch die Phthise im Kindesalter. Da die Neger sich, soweit mein Material in Betracht kommt, fast absolut analog verhalten — bei einem einzigen notierte ich Schwärzung und Härtung der mediastinalen Lymphdrüsen, welche auch nur beschränkt vom phthisischen Prozeß befallen waren —, so dürfte dieser Schluß von der mechanischen Bedeutung des freien Lymphabflusses aus den Lungen im Sinne eines durchlässigen Filterweges für das Zustandekommen ausgebreiteter Lymphorganphthisen tatsächlich von Bedeutung sein, wenn sie auch nicht die alleinige Erklärung darstellt.

Mit dieser Betonung der lymphatischen soll die hämatische Aussaat und Ausbreitungsmöglichkeit der Phthisen nicht in den Hintergrund gedrängt werden. Jede dieser Formen besteht zu Recht, sei es nun, daß das infektiöse Material nach Ueberwindung des Lymphweges in der Gegend des linken Anonymawinkels in die Venenbahn gespült wird, sei es, daß in der Lunge oder, was auch nicht gerade selten ist, im Urogenitaltraktus oder im Skelettsystem ein phthisischer Prozeß in die zugehörige Blutader einbricht; die Wirkung ist nicht immer die gleiche. Wenn nach der von Benda beschriebenen Art die Phthise des Ductus thoracicus sich in die Venenbahn öffnet oder wenn eine Prostataphthise in den Plexus venosus prostaticus vordringt, wird sich im Gebiet des kleinen Kreislaufs, also im Gebiet der Lungen, eine Disseminierung von phthisischen Eruptionen, von interstitiellen miliaren Knötchen ergeben, oder von Knötchen, die in der Alveolarwand sitzen und nach den Lungenbläschen durchbrechen, wie sie Orth als „Ausscheidungstuberkel" beschrieben hat. Es ist nun nicht gesagt, daß bei solcher Art der hämatischen Keimverschleppung nicht doch auch Kochsche Bazillen das Netz der Lungenkapillaren passieren könnten. Dies kommt ganz bestimmt vor. Häufiger aber wird eine allgemeine Aussaat von Phthiseerregern in alle Körperorgane mit reaktiver Bildung unzähliger Knötchen in den verschiedensten Organen — nicht in allen! — auf den Einbruch eines Bazillenherdes in die Lungenvene (Weigert) und damit ins arterielle Gefäßsystem erfolgen. Hämatogene Keimverschleppungen im Kleinen sind bestimmt bei der Phthise nichts Ungewöhnliches. Das Vorkommen von vereinzelten miliaren Knötchen in den Abdominaleingeweiden (Leber, Nieren) führt man hierauf zurück. Die Knochenphthise, die Urogenitalphthise, die Meningeal- und Gehirnphthise dürfte fast durchweg so zu erklären sein. Und von sehr beachtenswerter Seite wird die Frage aufgeworfen, ob nicht die Lungenphthise der Erwachsenen einer analogen hämatischen Rëinfektion zu danken sei. Kretz vertrat die Anschauung, daß die Arterienwand von innen her, also hämatogen phthisisch erkranke und so der Anlaß gegeben werde zur Entstehung von isolierten phthisischen Lungenherden, etwa nach Art eines Infarktes. Wir lehnen diese Annahme mit Ghon, Aschoff u. a. ab. Gewiß erkranken auch die Blutgefäße im Gefolge der Organphthise, allein zumeist von außen her, wenn schon Intimatuberkel hämatogener Art gelegentlich auch vorkommen.

Am besten ist das Verhalten der Gefäße beim Studium der kavernösen Phthise zu erkennen. Unglaublich widerstandsfähig verhalten sie sich in ihren stärkeren Zweigen gegenüber dem käsigen Erweichungsprozeß, der bis an die sklerotisch verstärkte Adventitia heranreicht und schließlich bewirkt, daß die Gefäße als ungleich dicke Stränge durch die Höhlungen hinziehen, welche der spezifische Zerfallsvorgang des Parenchyms bedungen hat. Allein es wäre nicht richtig, anzunehmen, es ginge die Krankheit spurlos außen am Gefäßrohr vorüber; der Entzündungsvorgang kann sehr wohl die Gefäßwand ergreifen und er kann durch Hervorrufung von thrombotischem Verschluß der Lichtung geradezu den Anlaß zu beschleunigter Sequestrierung von Organgewebe im Bezirk ausgedehnterer käsiger Prozesse geben, wie dies bei akuten käsigen lobären und pseudolobären Pneumonien nicht selten ist.

Denken wir nun auch der Gefäßaffektionen bei der chronischen kavernösen Lungenphthise, bei welcher langsam, jedoch stetig der phthisische Prozeß Fortschritte macht. Die verkäsende Wirkung macht nicht immer Halt vor den Gefäßen. Da und dort wird ein Gefäßstrang von außen her angenagt, die Dicke und Widerstandskraft der Gefäßwand geschwächt. Die Folge davon ist die Ausbildung einer umschriebenen sackartigen Erweiterung, welche gradatim mit der Schwächung der Wand zunimmt und schließlich den größten Teil der Kaverne erfüllen kann. Der Wandentzündungsprozeß und die hämodyamische Störung führen wohl zu Wandthrombosen, und es kann sein, daß an Stelle der schwer angegriffenen, ja zerstörten Gefäßwand die mehr oder weniger organisierte Thrombusmasse die Blutbahn geschlossen erhält. Aber in ungünstigen Momenten, seien sie durch äußere Einwirkung, durch Trauma, Anstrengung beim Husten, bei der Defäkation usw., seien sie durch Progredienz des phthisischen Wandzerfalls bedingt, wird der Thrombus einseitig abgebrochen oder durchbrochen, es kommt eine Blutung in die Kaverne, eine Blutung durch das offene Bronchialsystem nach außen zustande, welche bei kleinem Wanddefekt wieder durch thrombotischen Gefäßverschluß versiegt, bei größerem Durchbruch lebensbedrohlich wird, wenn sie nicht überhaupt durch Ueberschwemmung der Atemwege zur unaufhaltsam schnellen Erstickung führt.

Neben dieser tragischen Komplikation der Lungenphthise durch käsige Gefäßarrosion darf nicht vergessen werden, daß auch echte **phthisisch arteriitische Herde** von außen nach innen vordringen und nicht zur Gefäßruptur, sondern zu einer Quelle von leicht abschwemmbarem Infektionsmaterial und damit zugleich zu einer miliaren Aussaat peripher und unterhalb der Einbruchsstelle führen können. Wir sehen hierin eine Möglichkeit der örtlichen **Propagation des phthisischen Lungenprozesses**, der hauptsächlich bei der chronischen Phthise in Schüben vom Kopfende her nach der Zwerchfellsrichtung und von hinten nach vorne sich zu entwickeln pflegt.

Dieser **schubweisen Entwicklung der Lungenphthise**, die sich im anatomischen Bild oft noch aufs deutlichste zeigt, soll hier weiterhin gedacht werden. Wir sehen nicht selten im Spitzengebiet innerhalb einer Schwiele einen alten kreidigen Herd oder eine gereinigte, mit dem Bronchialbaum kommunizierende Kaverne, darunter eine im chronischen Geschehen entstandene zirrhotische Zone, in der auch einige in den von der Spitze abströmenden Lymphbahnen gelegene Knötchen auffallen mögen. Dann kommt nach unten und vorne gelegen ein Abschnitt mit nodösen, vielfach konfluierenden Phthise-Eruptionen, welche zum Teil Neigung zur Induration und zirrhotischen Einkapselung, zum größeren Teil aber eine Tendenz zur Verkäsung und Ulzerierung bekunden. Unterhalb dieser subchronischen bis subakten Erscheinungen findet man als Ausdruck des akuten Schubes junge azinös-nodöse Herdchen, endlich vereinzelte azinöse Knötchen, die auch als miliare Phthiseherdchen angesprochen werden mögen. Dieses Wandern des Prozesses hat zweifellos wichtige Gründe. Heute sieht man sie in mehreren Faktoren gegeben. Einer derselben ist die Tatsache, daß der Phthisiker mit einschmelzenden Prozessen sich durch das eigene Krankheitsprodukt zunächst dem Ort der Erkrankung auf dem Respirationsweg stets selbst wieder infiziert. Je größer die aspirierte Menge des infektiösen Materials (Käsebröckel, Kaverneninhalt, pneumonischen Exsudates) ist, um so ausgedehnter kann sich die Neuinfektion gestalten.

Ein anderer Faktor besteht in physikalischen Verhältnissen der Respirationsintensität, welche nach Tendeloo dort am geringsten ist, wo für gewöhnlich die ersten und ältesten phthisischen Affekte bei der Lungenphthise der Erwachsenen gefunden werden, nämlich in den paravertebralen, oberen Abschnitten der oberen Lungenlappen, während die lateralen und ventralen Teile des kranialen Lungenteils davon frei bleiben. Diese Verhältnisse der eingeschränkten respiratorischen Volumenschwankungen, welche neben weiteren Momenten des Baues und der davon abhängigen Funktionseigentümlichkeit der Lungenspitzen, wie sie durch die Forschungen W. A. Freunds, Birch-Hirschfelds, Schmorls, Harts und Harras' über die Enge der oberen Thoraxapertur und ihre Modifikationen z. B. beim Habitus phthisicus, und durch Bacmeisters künstliche Thoraxeinengung beim Versuchstier in Beziehung zur Phthiseogenese dargetan worden sind, stellen nicht nur die physikalische Gelegenheit für die Infektion (Tendeloo) dar, sondern bedingen auch die etappenartige Ausbreitung des Phthiseprozesses in kraniokaudaler und dabei dorsoventraler und mediolateraler Richtung. Tendeloo konnte den Satz aufstellen: „Je größer die physikalische Gelegenheit zur Infektion in der Umgebung eines Herdes ist, desto geringer ist die Gefahr einer Verschleppung der Bazillen aus diesem Herde in dessen Umgebung." Das heißt mit anderen Worten, daß dort, wo eine gewisse respiratorische Ruhe herrscht, die Infektion am leichtesten eintritt. Denn der relativ ungiftige Tuberkelbazillus benötigt zu seiner langsamen Entwicklungszeit der Sauerstoffzufuhr; er muß ungestört sein. Absolute Ruhe wirkt ungünstig, da sie keine Sauerstoffzufuhr zuläßt; wie Lemke haben auch wir (bei unseren Negersektionen) nach schnell letal verlaufener Phthise wiederholt die durch pleuritisches Exsudat atelektatische Lunge frei von Tuberkeln gesehen, während in der entfalteten Lunge der Prozeß in akutester Weise erblühen konnte. Die Ebbe und Flut der Lymphbewegung, die nach Tendeloos Forschungen so sehr wichtig für die Entwicklung der chronischen Lungenphthise sein soll, eine Ansicht, welche Nicol zugunsten des bronchialen Ausbreitungsmodus einschränkt, hängt absolut von der respiratorischen Volumenschwankung ab. Das zeigt ja wohl auch schon Arnold in seinem schönen klassisch gewordenen Tierversuch; er ließ Tiere Ruß einatmen und konnte beobachten, daß die Verrußung der Lunge von den paravertebralen kranialen Teilen beginnend nach den kaudalen Teilen fortschritt, daß andererseits nach Unterbrechung der Rußinhalationen der Ruß in umgekehrter Weise von der Kauda gegen das Kranium mit abnehmender Schnelligkeit auf dem Lymphweg abgeführt wurde. Dieser Versuch läßt jedem System, dem bronchialen und dem lymphatischen, für die Phthiseogenese der Lungen und ihrer Etappen sein Recht. Wenn man bedenkt, daß bei der Affektion der Spitze das Gerüst des darunter liegenden Lungenabschnittes hinsichtlich der. Beweglichkeit einbüßt, dann wird es sehr verständlich (im Hinblick auf Tendeloos Erkenntnis von der reziproken Bedeutung der respiratorischen Volumenschwankung für die Infektionsmöglichkeit), daß jeweils die nächst unten gelegene Bronchialbaumsetage für die Ausbreitung der Phthise frei wird.

Mit Recht machte Nicol darauf aufmerksam, daß Haltung und Lage des Lungenphthisikers und vor allem die starken und angestrengten Hustenstöße des Kranken geeignet sind, die Bedeutung der bronchialen Aspiration zur Erklärung der „die Lunge von oben nach unten abgrasenden Phthise" zu ermessen.

Haben wir uns nun über die Wege und Ursachen der sich in der Lunge von oben nach unten breitmachenden Phthise verbreitet, so sei auch noch die Art bedacht, welche die Ausbreitung einleitet. Wie oben schon angedeutet, steht das Kavernensystem chronischer zirrhotischer Phthiseherde mit dem Bronchialsystem in offener Verbindung. Andererseits sieht man dort, wo die Lymphwege von dem Spitzenherd ausstrahlen, gelegentlich Knötcheneruptionen. Dies weist auf zweierlei Ausbreitungsarten hin; erstens kann kontinuierlich auf dem Bronchialweg die Phthise fortgekrochen sein, sich das Kavernensystem vergrößert haben, wie auch auf dem Bronchialweg durch ausgestoßenes und wieder angesogenes, phthisisches Material die Infektion der nächsten Etappe zustande kommen könnte; zweitens ist die lymphatische Knötcheneruption in der Nähe der bronchial bedingten Herde, namentlich der alten Herde zu beachten. Doch muß später noch ausführlicher davon gehandelt werden, daß gerade bei chronischen Phthisen die lymphatische Propagation stark in den Hintergrund tritt. Das Auftreten der sekundären, tertiären Stadien der chronischen Phthiseentwicklung in den Lungen ist wohl sicherlich den Autoinfektionen des Patienten, den endogenen Reinfektionen Orths zu danken, welche im allgemeinen nacheinander, wohl aber auch einmal explosiv auf einmal erfolgen können, wenn nur die Infektionsmassen groß genug, ihre Verbreitungsstrecke (bei heftigem Husten) weit genug ist. Das braucht wohl nicht eingehender ausgeführt zu werden, daß die Zerteilarbeit, die „Korngröße" und „Kornzahl" des reininfektiösen Materials sehr maßgebend sein muß für die Vielheit, bzw. für die Wirkungsweise (Intensität) der neuen Infektion. Nicht darf dabei vergessen werden, was bei Beurteilung der Infektionskrankheiten überhaupt wichtig ist, daß die Zahl der Erreger, ihre Reizkraft (Virulenz) und die Reizbarkeit des infizierten Organes in Wechselwirkung treten.

Von ihr wird es abhängen, wie sich der Infektionseffekt gestaltet, ob die produktive Komponente mit ihren günstigeren Aussichten für den Patienten zur Geltung kommt, oder ob die exsudative Entzündung mit ihrer schlimmen Voraussicht hinsichtlich der ganzen Körperfunktion und der Lebenslänge erblühen wird.

Die Reizbarkeit des Organgewebes, welche Tendeloo als „biochemische Empfänglichkeit" bezeichnet hat, mag dabei gewiß eine Rolle spielen. So erfuhr ich von meinem Kollegen Th. Schrohe (Mainz), einem erfahrenen Phthisiater, daß durch Narkosen die Empfänglichkeit für die Ausdehnung der Lungenphthise stark gesteigert würde, was ich weniger den Aspirationszufälligkeiten infolge der Betäubung zuschreibe, als der irritierenden und damit biochemisch gewebsumstimmenden Wirkung des Narkotikums. Im Anschluß hieran sei betont, daß es nicht zweifelhaft sein kann, daß wie ganz allgemein, so auch für die Beurteilung der Wechselwirkung zwischen Kochschem Bazillus und menschlichem Körper eine Frage noch der genaueren Behandlung bedarf. Es besteht eine Ungleichheit der Organe in ihrer Eignung für die erfolgreiche Einsaat und das Gedeihen der Keime. Die Hirnhäute, die Knochenhaut, das Knochenmark, die Nieren scheinen gute Nährböden darzustellen, die Leber weniger, am allerwenigsten aber die Muskulatur. Auch hier liegt ein Problem der biologischen Empfänglichkeit vor; mit Bakterienvirulenz oder -masse ist hier nicht zu rechnen, weil bei Fällen von groben Einbrüchen in die Blutbahn das gleiche Angebot von Bazillen an alle Regionen ergeht und doch die disseminierte Phthise sehr ungleichmäßig in Zahl und Größe ihrer ausgesäten Herde zu erkennen ist.

Das Problem der Faktorenabschätzung für die Phthisenentwicklung in der Lunge macht sich auch geltend bei Betrachtung von miliaren Lungentuberkulosen. Sehr oft bemerkt man in solchem Falle, daß das Kaliber der Knötchen von oben nach unten, vorne und seitlich an Umfang einbüßte[1]). Zur Erklärung dessen wird man sich wieder der Tendelooschen Anschauung erinnern müssen, wonach physikalische Momente, nämlich die Größe bzw. Einschränkung der respiratorischen Volumenschwankungen maßgebend sind: 1. für den Ort der An-

---

1) Es dürfte übrigens nicht das Richtige treffen, wenn man jeweils aus der Korngröße des „Miliartuberkels" auf sein Alter schließen wollte. Es ist doch wohl zu bedenken, daß in manchen Fällen je nach dem Organsitz, je nach der „biochemischen Empfänglichkeit" der befallenen Organe eine Verschiedenheit in der Entwicklung, im Wachstum und damit der Größe der disseminierten Tuberkel zustande kommen muß. Überhaupt sind die Anschauungen über das Wachstum der Miliartuberkel zu korrigieren. Offenbar nahm man bisher, gestützt auf den Tierversuch, eine Entstehungszeit des Miliartuberkels an, welche für den Menschen nicht immer zutrifft. Heute weiß man aus klinischen Feststellungen hauptsächlich mittels der Röntgendiagnostik, daß Miliarphthise der Lungen wochenlang nach der Erkennung auf der Platte erst zur Autopsie gelangte. Mir ist ein Fall bekannt, wo zwischen klinischer Diagnose und Tod rund 50 Tage vergangen sind. Und dennoch kann sich in solchen Fällen eine Korngröße ergeben, welche die rein formelle Benennung „Miliartuberkulose" rechtfertigt.

siedelung, 2. für die ungestörte Entwicklung der phthisischen Prozesse. Tendeloos Begründung schließt also Orths Anschauung, „daß die Tuberkel im Unterlappen langsamer reifen als im Oberlappen" ebenso in sich, als Ribberts Meinung, daß die Knötchen im Unterlappen jünger sein möchten, als die der oberen Lungenabschnitte. Und Tendeloos Anschauung kann so zu sagen unter Einführung des vierdimensionalen Geschehens mit der Nicolschen Erklärung vereinigt werden, der sagte, es sei das „Moment der Zeit, was den Ausschlag gebe und den Infekt in den unteren und vorderen Lungenzonen nicht so schnell zustande kommen lasse, wie in den mehr disponierten kranialen Teilen"; allerdings ist dies Moment der Zeit bei der akuten miliaren Erkrankungsform viel weniger langdauernd, als im Verlauf der chronischen Lungenphthise, welche sich auf Grund derselben Umstände ebenfalls kranio-kaudal entwickelt.

Wir haben uns bisher bemüht, an Hand der täglichen autoptischen Eindrücke eine Anschauung über morphologische Ausdrucksmöglichkeit und pathogenetisches Geschehen der phthisischen Infektionskrankheit zu bekommen unter besonderer Berücksichtigung der Lungen, die ja die Basis für alle klinische und morphologische Phthiseerforschung bilden. Nun darf aber nicht vergessen werden, auch des Ausdrucks der gleichen Krankheit beim kleinen Kinde zu gedenken; denn gerade die Kenntnis dieser Verhältnisse vermittelt viel für das Verständnis des Wesens und des Beginns der Krankheit überhaupt.

Während wir beim Erwachsenen die primären Erscheinungen zunächst den Lungenspitzen lokalisieren, kann beim Kind der primäre Herd an den verschiedensten Stellen der Lungen aufgefunden werden. Meiner Erfahrung nach sitzt er gar nicht selten in der Nähe der Basis eines der Oberlappen, ja ich fand ihn auch schon an der Basis des Unterlappens. Tendeloo erwähnt die Vorliebe des primären Sitzes in der Spitze des Unterlappens oder etwas kaudal davon. Er ist die Quelle, von der aus mit dem abfließenden Lymphstrom die Bronchialdrüsen nahezu gleichzeitig, aber recht oft in räumlich viel ausgedehnterem Maße als beim Erwachsenen exsudativ käsig erkranken. Der primäre Lungenherd (Küß, Eugen Albrecht, Heinrich Albrecht, Ghon, Hedrén) kann dem suchenden Obduzenten Mühe machen. Hier muß das Auge das Gefühl zu Hilfe nehmen. Man tastet das Lungengewebe ab; denn der Herd ist oft nur hanfkorngroß, ja noch kleiner. Und auch das kommt vor, wie es in 4 Fällen meiner oben geschilderten Negerbeobachtungen zutraf, daß überhaupt keine Lungenaffektion auffindbar ist, daß also entweder der Herd mikroskopisch klein schon sehr bald zur Ausheilung oder Vernarbung kam, während die fortgeleiteten Keime im regionären Lymphgebiet die schwerste Reaktion verursachten, oder daß überhaupt keine Reaktion, keine Erkrankung an der Stelle der Gewebsinvasion, bzw. Infektion der Lungen erfolgte, während im Lymphdepot um so kräftigere Wirkung zutage trat.

Wie sich im Anschluß an die streng regionäre Drüsenerkrankung im Sinne des Lymphstroms, aber auch retrograd selbst bis in die Eingeweideorgane hinein der phthisische Prozeß ausdehnen kann, wurde oben schon auseinandergesetzt, als ich meine entsprechenden Negerbeobachtungen schilderte. Das Schicksal des primären Lungenherdes selbst ist sehr verschieden. Ich bin mit Ghon und anderen der Überzeugung, daß bei aufmerksamer Durchsuchung vieler Phthisikerlungen reifen und vorgerückten Alters die Stelle eines primären Herdes fern von den Lungenspitzen als kleine, obsolete, schwielige Narbe, als kleiner Kreide- oder Kalkknoten usw. nicht so selten auffindbar ist; da die Lungen so gut wie nie ohne ihre Lymphdrüse phthisisch erkranken, und da für bestimmte Lungenabschnitte jeweils bestimmte Lymphdrüsengruppen einschlägig sind, kann der Lymphdrüsenbefund im Lungenhilus den Weg zur Auffindung eines alten Primärherdes bedeutend erleichtern. Neigt der primäre Lungenherd zur käsigen Umwandlung, so kann — schon im Säuglingsalter — eine Kavernenbildung zustande kommen. Von ihr aus entwickelt sich dann meist schnell eine käsige Pneumonie, oder es bricht ein käsiger Drüsenherd in die Blutbahn ein, so daß eine Disseminierung der Phthise das tragische Resultat ist.

Selbstredend hat man sich überlegt, wie alle die Abweichungen der Kinderphthise von denen der Erwachsenen zu erklären seien. Man glaubte, die „physikalische Gelegenheit für die Infektion" (Tendeloo) in der Lunge des Kindes sei eine ganz andere als beim Erwachsenen. Man spricht von einem beim Kind andersartigen Atemtypus als beim voll entwickelten Menschen und glaubt, daß dieser Typus beeinflußt werde durch die liegende Haltung des Kindes. Viel wichtiger scheint mir, daß die Lunge der Kinder eine viel stumpfere, breiter basige Pyramide bildet als die der Erwachsenen, ferner, daß die Pleurakuppe sich erst mit der endlichen Streckung der Brust- und Halswirbelsäule, mit dem Auswachsen der Lunge über die Thoraxapertur erhebt. Dann sollte nicht vergessen werden, daß auch abseits von der Spitze rückwärts und seitlich in den Oberlappen, ja noch im Unterlappen sehr junge kindliche Lungen gar nicht selten tiefe Rippeneindrücke erkennen lassen, welche dartun, daß nicht gerade in den prävertebralen Oberlappenteilen der Kinderlunge die respiratorische Volumenschwankung am meisten beeinträchtigt ist. Fügt man diesen Eigentümlichkeiten die oben bereits behandelten größeren Möglichkeiten einer freien Lymphsaftströmung in den nicht verrußten Kinderlungen und -lymphwegen usw. hinzu, so dürften die wesentlichsten Faktoren genannt sein, welche die Eigenart der pulmonalen und bronchialen Kinderphthisen erklären. Nicol faßte sie schlagwortartig zusammen: „In Eigenheiten des Thoraxbaues, verändertem Atemtypus, Lage und Haltung, ungeschädigten Lymphstromverhältnissen und besonderer

Durchlässigkeit der Schleimhäute." Doch ist hierüber das letzte Wort noch nicht gesprochen, wie eben der Vergleich mit meinen Negerbefunden gelehrt hat.

Sind wir nun mit der pathologisch-anatomischen Besprechung der beim Menschen vorkommenden Phthiseformen zu Ende, die wir an Hand der Lungenveränderung als der banalsten und wichtigsten phthisischen Vorkommnisse schildern konnten, so sei noch einmal darauf hingewiesen, daß ein und dieselbe Erkrankung ein doppeltes Gesicht tragen kann. Sie vermag bei kleiner und bei großer Ausdehnung vorwiegend oder durchaus exsudativ aufzutreten, eine für den Gewebsbestand und die Gewebsheilung ungünstige Weise. Sie kann andererseits vorwiegend oder durchaus produktiv sich verhalten, ein für die Phthiseheilung günstiger Modus, wenn schon der Bestand spezifisch differenzierten Organgewebes hierbei auch nicht gewährleistet ist. Unter Berücksichtigung dieser Januseigenschaft, wie der ganzen anatomisch-pathologischen Ausbreitungs- und Ablaufsweise, kann die Vielheit der phthisischen Bilder eingeteilt werden, und zwar so, daß der Kliniker daraus ebenfalls Nutzen zieht. Ehe wir uns aber einer solchen Einteilung zuwenden, ist es wohl zweckmäßig, noch einige ätiologische Einzelheiten, d. h. Fragen der phthisischen Infektion und ihrer Abwehr durch den Körper zu behandeln, wobei wir uns wohl vor Augen halten müssen, daß wir hier ein Gebiet betreten, auf dem mehr mit Theorien als mit messender und wägender Beobachtung gearbeitet werden konnte.

Die Phthise ist eine Infektionskrankheit. Jeder Arzt weiß und die Sektionerfahrung scheint es zu bestätigen, daß Phthisiker im Verlauf eines langen Lebens verschiedene Male heftig an dieser Infektionserkrankung leiden, während zwischen diesen Krankheitsperioden Zeiträume höchster Leistungsfähigkeit liegen können. Es erhebt sich die Frage: Lag hier jeweils eine Neuinfektion vor, oder machte sich eine weitere Stufe des langhinziehenden Leidens unliebsam geltend?

An den Beginn einer Auseinandersetzung über die Infektionsvorgänge bei der Phthise gehört die Feststellung, daß heute die Anschauung sich fast allgemein durchgerungen hat: „Die Lungenphthise ist der Wirkung einer auf dem Respirationsweg erfolgten Infektion mit Kochschen Stäbchen zu danken." Ebenso kommt eine spezifische Erkrankung der Haut durch eine unbewußte Einimpfung des Phthisekeimes in die Haut, eine primäre Darmphthise durch Fütterungsinfektion zustande. Bis jeweils auf die Infektion die Zeichen der Infektionskrankheit subjektiv oder objektiv sich einstellen, verstreicht eine verschieden lange Inkubationszeit, die man auch als „primäre Latenz" der Phthise genannt hat, meiner Ansicht nach eine fehlerhafte Begriffsverwirrung, wenn ich die „Krankheit" als Ausdruck des gestörten Lebensablaufes zwischen einer Schädigung des lebenden Ganzen und seiner Wiederherstellung oder Vernichtung (E. Albrecht) auffasse. Wie, wenn auf die Infektion gar keine Störung, gar keine Schädigung erfolgte? Wurden die eingedrungenen Keime etwa wie ein Rußpartikel so glatt beseitigt und vom Körper unschädlich gemacht, daß alle subjektiven Empfindungen und objektiven Zeichen eines solchen Vorganges nicht zur Wahrnehmung gelangten?! Man kann nur zugeben, daß eine primäre Latenz die Inkubation ablöst, daß aber auch in diesem Moment schon Krankheitserscheinungen beginnen, die zwar noch die volle Leistungsfähigkeit zulassen, die also das subjektive Empfinden des Patienten nicht im geringsten stören, wohl aber dem sachkundig Nachspürenden auf irgend einem Wege der Diagnostik zur Wahrnehmung gelangen können und wäre es die autoptische, anatomische Diagnostik an dem aus anderem Grunde (Unglücksfall) Verstorbenen.

Ganz anders verhält es sich, wenn man von „latenten Phthisebazillen" spricht. Hier ist ja auch nicht die Rede vom Effekt der Infektion, sondern vom Infektionserreger. Es kann also unter einem „latenten Phthisebazillus" ein irgendwo im Körper untätig liegender (also nicht abgetöteter) spezifischer Erreger bezeichnet werden, solange er noch keine spezifischen Veränderungen seiner Umgebung bewirkt. Da jedoch der Begriff Latenz im allgemeinen medizinischen Sprachgebrauch bei Beurteilung des Reaktionszustandes des infizierten Organismus zur Anwendung kommt, dürfte es doch wohl ratsamer sein, von einer Latenz der Erreger überhaupt nicht zu reden. Endgiltige Klarheit der Benennung ist unbedingt von nöten. Darum wird es gut sein bei der Phthiseinfektion und ihren Folgen genau auseinanderzuhalten neben der reaktionslosen Inkubationsperiode eine Latenz, wenn keine subjektiven Symptome, wohl aber irgendwelche, vielleicht nur anatomisch erweisbare objektive Anzeichen vorliegen, einen okkulten Prozeß, wenn zwar deutliche subjektive und allgemeine Zeichen, nicht aber objektiv faßbare Herdsymptome vorliegen, einen manifesten Prozeß, wenn zweifellose Herderscheinungen der effektiven Krankheit vorhanden sind. Diese Begriffe, welche der effektiven Periode[1]) untergeordnet sind, der okkulte und der manifeste

---

[1]) Im Anschluß an eine 1. Effektivperiode der Krankheit kann man eine 2. und 3. Effektivperiode durch Rezidivierung unterscheiden. Diese Rezidivperioden werden durch Wiederaufflammen eines alten Herdes, durch Selbstinfektion an neuer Stelle von einem anderen Herd aus oder durch Neuinfektion von außen her bedingt.

Prozeß sind nicht fest zu fixieren, weil sie sich mit der Verfeinerung der Diagnostik verschieben.

Die Bazillen eines latenten Herdes sind lebensfähig, selbst wenn der Herd verkreidet, verkalkt, wenn er „obsolet" wird, wie man sich ausdrückt. Es scheint, daß dieses lange Abgeschlossensein der Keime ihrer Fähigkeit, den Körper zu reizen, ihrer Virulenz keinen Eintrag tun muß, wenn man mit Bartel auch geneigt ist, anzunehmen, daß in langer Latenz die Virulenz zurückgehen könne. Bei dieser Sachlage ist es wohl möglich, daß im Verlauf einer chronischen Phthise ein latenter Herd zur Quelle einer Reinfektion werde. Die Reinfektionsfrage spielt wohl bei keiner bakteriellen Infektionskrankheit eine so große Rolle, als wie bei der Phthise. Sie kann exogen und endogen erfolgen. Beide Arten sind sicher nachgewiesen (Orth).

Wenn nun sicher steht, daß der Körper mehrere phthisische Infektionen durchmachen kann, dann tritt für solche Fälle die Frage der Schutzstoffbildungen, der Immunitätsreaktionen in den Vordergrund des Interesses. Nach Behring verleiht eine phthisische Infektion im frühen Kindesalter eine gewisse Immunisierung gegen mäßige Reinfektion, nicht aber gegen starke, seien sie nun exogen oder endogen. Solche Reinfektionen äußerten sich aber in einem weniger heftigen Effekt, nämlich in Form der chronischen Phthise der Lungen, eine Anschauung, welche von Römer gerade für die massive endogene Reinfektion noch besonders unterstrichen worden ist. Nun hat aber Orth, dieser hochverdienstvolle und klare Bearbeiter der Pathologie und Aetiologie des menschlichen Tuberkuloseproblems, die Immunitätsanschauungen Behrings nicht hingenommen, sondern darauf aufmerksam gemacht, daß die Kenntnisse der Schutzreaktion sich mit einer Immunität nur eines Teilgebietes des Körpers nicht vereinen lassen, nachdem sonst der Schutz ein allgemeiner zu sein pflegt. Das unaufhaltsame Fortschreiten der Lungenphthise, das plötzliche Ausbreiten von Miliartuberkulosen auf Grund einer lokalen chronischen Phthise, all das vereinigt sich höchst widerspruchsvoll mit dem Gedanken an Immunität, die mit dem chronischen Krankheitsgeschehen ja zunehmen müßte. Nicol hat alle diese Ausführungen sehr ansprechend in seiner großen Arbeit referiert. Er schließt sich auch Orth an, indem er die Annahme der massiven Reinfektionen Römers bezweifelt, und „gerade die geringfügigen Infektionen und Reinfektionen für die Entstehung wie für die Ausbreitung der Lungenphthise für bedeutungsvoll" hält. Orth hat in seinem Vortrag „Über die tuberkulöse Reinfektion und ihre Bedeutung für die Entstehung der Lungenschwindsucht" hervorgehoben, daß es nicht Immunitätsgründe, sondern die örtliche Bereitschaft der Lungen seien, welche eine exogene Reinfektion der Lunge beim Erwachsenen so erfolgreich machten. Dabei könne eine überstandene Infektion in der Jugend sehr bedeutungsvoll sein. Zur Begründung dieser Anschauung kann Orth auf sein klassisches Experiment hinweisen, indem er mit abgeschwächten Tuberkulosekeimen bei Versuchstieren örtliche Affekte erzielt hatte, um sodann bei den gleichen Tieren durch Reinfektion mit vollkräftigen Kulturen richtige Lungenphthise zu erzeugen. Diese Versuchsergebnisse Orths, welche geeignet sind, ein Licht auf die merkwürdige Disposition des Lungengewebes für Phthise zu werfen, sind durch verschiedene Autoren (Bartel, Levy), zuletzt durch Bacmeister bestätigt worden.

So ist nun also dem Begriff der relativen Immunität der Begriff erhöhter Disposition der Lunge gegenübergetreten. Können wir diese Bereitschaft der Lunge auflösen, in leichter faßbare Begriffe? Erinnern wir uns der in früheren Absätzen bereits ausgeführten Einzelheiten, an das physikalische Moment Tendeloos, das Aschoff durch Betonung des „Momentes der Zeit" noch gestärkt hat! Dieses Zeitmoment umschließt nicht nur alle die Punkte der inneren Konstitutionsänderung der Lungen, es ermöglicht auch eine Berücksichtigung expositioneller Möglichkeiten, wie sie der Lebenskampf mit sich bringt. Die Pflicht, das Leben zu fristen, zwingt die Mehrzahl der Menschen zu einem gehetzten Dasein. Schwere, körperliche Arbeit unter ungünstigen Voraussetzungen kann sehr wohl die physikalischen, respiratorischen Momente Tendeloos verschlechtern. Man darf hier auch das Trauma nicht vergessen.

Ueber die Bedeutung der traumatischen Einflüsse durch den Krieg und dadurch direkt bedingte Phthisenverschlimmerung bzw. -metastasierung liegen wenig positive Erfahrungen vor (vgl. G. B. Gruber: „Ueber den Locus minoris resistentiae", Samml. klin. Vortr., 1919, Nr. 777/78). Das mag daher kommen, daß die zur Progredienz neigenden Phthisen im Heere an sich viel seltener waren und jedenfalls zumeist ihre Träger infolge ihres Allgemeinzustandes nicht gerade immer den Gefahren des Frontdienstes ausgesetzt waren. Daß andererseits für die vielen in den letzten Kriegsjahren eingezogenen Menschen mit phthisischer latenter Krankheitsbelastung die Strapazen und Unbilden des Soldatenlebens — in Feld und Heimat — einen höchst ungünstigen Einfluß ausübten, das hat die Tätigkeit in den Feld- und Garnisonsprosekturen ergeben. Allein zur gleichen Zeit ging die Zahl der Phthisikerbeobachtungen in der Zivilbevölkerung in die Höhe; also wird man die Zunahme der Phthise im Kriege ganz allgemein weniger traumatischen als sonstigen ungünstigen Einflüssen, vor allem der Ernährungsverhältnisse (Blockade!), der Unrast in den Kriegsberufen und bei der Ergatterung der Lebensbedürfnisse, der Unreinlichkeit (Seifenmangel) und dem schwindenden, allgemein-hygienischen Gewissen der Volksgenossen zuschreiben müssen (vgl. auch G. B. Gruber: „Lungenschußverletzungen und ihre Folgen").

So glaube ich, daß, abgesehen von den speziellen und spezifischen Vorbedingungen, die Nichtachtung der gesetzmäßigen Abwechselung angemessener Arbeit und ausreichender Ruhe, daß die fortgesetzte körperliche Ueberanstrengung unter Mißbrauch der Lungenkraft, das hetzende Leben in Industriestädten, z. B. die Einwirkung körperlicher Erschütterungen im gewerblichen Betrieb oder einmaliger unvorhergesehener traumatischer Einwirkung gegen den Rumpf, kurzum, daß der Mangel an Schonung die „biochemische Empfänglichkeit" der Lungen für Neuinfektion, wie für Reinfektion mit dem Kochschen Bazillus erhöht. Es ist mir nicht unwahrscheinlich, daß auch die Annahme, es möchten konstitutionell ungünstige Aenderungen des Körpers die Anfälligkeit für Phthise, z. B. in der Pubertät, während der Gestation oder Laktation des Weibes bedingen, sich als Wirkungen der erhöhten Inanspruchnahme des Körpers durch an sich physiologische Vorgänge erklären lassen, welchen eine erhöhte Erholungsmöglichkeit, Ernährung und Schonung oft nicht gegenübergestellt werden kann, so daß eine Schwächung resultiert, welche nicht die Konstitution[1]) verschlechtert, sondern die Disposition erhöht. Auch die erhöhte Bereitschaft für die Phthise im Greisenalter ist vielleicht nur aus Gründen solch erhöhter Disposition zu erklären.

Wenn der Arzt, der sich mit der Behandlung von Phthisikern abgibt, das Moment der Zeit und der physikalischen Gelegenheit für die Phthiseentstehung und -propagation bedenkt, wird ihm klar werden, daß zur günstigen Beeinflussung des an und für sich langsamen Prozesses es nötig sein muß, mit der guten ärztlichen Einwirkung dem Moment der Zeit gewissermaßen zuvorzukommen, die physikalische Gelegenheit zur Infektion hinwegzudrängen, zur verpaßten Gelegenheit umzuwandeln. Um das zu können, ist eine genaue Diagnose notwendig, welche in sich schon die Prognose enthält. Aschoff und Nicol erkannten ebenso wie Eugen Albrecht und Albert Fränkel-Badenweiler sehr richtig, welch große Bedeutung für den Praktiker die Möglichkeit hat, die Buntheit des phthisischen Befundes, sei es im anatomischen oder im klinisch-diagnostischen Sinne, zu ordnen, und zwar so zu ordnen, daß aus der Einteilung sich mühelos die Prognose herauslesen läßt.

Albert Fränkel hat dargetan, was an solcher Einteilung den Kliniker interessiert. Das ältere Turbansche Schema der Einteilung nach der quantitativen Phthiseausdehnung auf Lungenlappen und nach den physikalischen Phänomenen, welche allenfalls ein Urteil über die Schwere der Vorgänge zulassen, erwies sich als ungenügend. Ich spreche ihm auch die oft gerühmte statistische Brauchbarkeit ab, da nach Turbans Schema gestellte Diagnosen oft ungenügend und irreführend sein können. Nach Fränkels Vorgang muß man die Diagnose

---

[1]) „Konstitution" ist diejenige Verfassung oder Beschaffenheit des Organismus, von der seine besondere Reaktion, die Art der Reaktion auf Reize abhängt. „Disposition" ist die Beschaffenheit des Organismus, welche es äußeren Einflüssen erst ermöglicht, als Reize zu wirken (Lubarsch).

der örtlichen Krankheitsausdehnung derartig mit der Feststellung des Krankheitscharakters verbinden, daß hieraus eine brauchbare Basis für die Prognose erwächst. Wenn man also anatomisch einteilen will, muß man sich nach den am meisten und unterschiedlichsten in die Augen springenden typischen Bildern in der Buntheit der Lungenphthise richten und dabei trachten, eine Reihe graduell gestufter prognostischer Wertigkeiten festzulegen, wie dies in der von Eugen Albrecht (in Zusammenarbeit mit A. Fränkel) gegebenen Einteilung etwa geschah. Nach E. Albrecht muß man folgende drei Verlaufsarten unterscheiden:
1. Indurierende, zirrhotische Vorgänge. Ihre Prognose ist günstig.
2. Knotige Prozesse, bronchiale, peribronchiale und perivaskuläre, fortschreitende Vorgänge. Ihre Prognose ist unsicher, sie steht zwischen derjenigen der 1. und 3. Gruppe.
3. Käsig-pneumonische Prozesse. Ihre Prognose ist ungünstig.

Dabei hat Albrecht es nicht unterlassen, auch der Ausdehnung und der Komplikationen zu gedenken Wichtig erscheint namentlich die zweite Gruppe Albrechts, wo an Stelle der früher als „infiltrativ" benannten Vorgänge das Wort „knotig" gesetzt ist, ohne daß damit der Umfang dessen gemeint wurde, was die Klinik darunter verstanden hatte. Albrecht verstand unter knotigen Formen nicht lobulär käsig-exsudative Prozesse, sondern die indurierenden Prozesse in Knotenform. Die exsudativen Prozesse vom gleichen Umfang gelten ihm als lobulär-pneumonische, lobulär-käsige Form. Hier ist eine schwache Stelle dieser Einteilung zu erkennen.

Von den Komplikationen ist die Tendenz zur Gewebseinschmelzung, zur Kavernenbildung besonders berücksichtigt, die in allen 3 Gruppen mit verschiedener prognostischer Bedeutung vorkommt, wenn sie natürlich schon an und für sich ganz allgemein die Prognose etwas trüben muß.

Was die Ausdehnung der Vorgänge anbetrifft, so werden von E. Albrecht und A. Fränkel Spitzenprozesse, Solitärherde, Hilusprozesse und Lingulaprozesse als günstig bezeichnet, wegen ihrer Neigung zur Zirrhose. Die Oberlappenprozesse, ob sie nun einseitig oder doppelseitig seien, bilden eine Krux für den Prognostiker. Fränkel gibt an, daß ihre prognostische Richtungslinie zwischen zirrhotischen und infiltrierenden Prozessen hindurchläuft. Pneumonische Oberlappenprozesse sind ernster Natur, lassen aber noch Hoffnung auf Heilung zu. Krankheitsvorgänge, welche doppelseitig und mehrlappig auftreten, sind kongruent ihrer Ausdehnung ernst zu beurteilen.

Wer diese Einteilung überdenkt, dem wird klar werden, daß man gar oft aus einer einzigen Untersuchung, sei es auch mit allem diagnostischen Rüstzeug nicht zur vollen Diagnose mit prognostischer Wertigkeit wird gelangen können. Besonders dann nicht, wenn es darauf ankommt, jene mittlere Linie zu berücksichtigen, welche sich zwischen den fortschreitend exsudativ-käsigen und zwischen den der Stabilität bzw. der Zirrhose zuneigenden produktiven Formen hindurchzieht. Selbst bei wiederholter Beobachtung, die vorteilhaft unter Anwendung des Röntgenverfahrens geschieht, sind diese Schwierigkeiten nicht leicht zu überwinden.

Nicol hat den Fortschritt des Fränkel-Albrechtschen Schemas anerkannt und versucht, darauf weiterzubauen unter Einfügung der neuen pathogenetischen Abgrenzung der Krankheitsprozesse, welche sich mit der Einführung des Azinusbegriffes ergeben hat. Was dort als knotige Form gilt, war hier der vereinzelten oder konglomerierenden, azinös-nodösen Form zuzuteilen. Käsig-pneumonische Formen sind den hauptsächlich exsudativen Prozessen gleichwertig. Sehr schwierig erweist sich auch Nicol die Beurteilung der quantitativen Ausdehnung, denn die Lappeneinteilung der Lungen ist durchaus nicht so regelmäßig, als man meinen möchte; sie ist vielmehr äußerst variabel[1]) und andererseits gerät die Projektion eines Herdes in bestimmte Lappen durch die Diagnostik äußerst leicht auf falschen Weg, da bei der Lappenprojektion nicht mit zwei Dimensionen, sondern mit dreien zu rechnen ist. Es kann leicht vorkommen, daß Oberlappen- und Unterlappenspitze zugleich erkrankt sind und dennoch der Prozeß diagnostisch einer Herdausdehnung zugeschrieben werden muß. Auch die Bestimmung von Mittellappenprozessen ist eine sehr undankbare Sache. Nicol griff aus diesen Gründen eine Anregung von Tendeloo auf, der das Fortschreiten der phthisischen Prozesse in der Lunge ihrer Richtung nach als kranio-kaudal bezeichnet hat, wobei er die Tendenz nach der kaudalen Seite hin als prognostisch ungünstig erkannte. Wenn nun die kranialen Prozesse im allgemeinen gutartig, die kaudalen ungünstig zu nennen sind, so muß auch hier jene Grenze gemacht werden, welche als prognostische Richtungslinie die beiden Wertigkeiten scheidet. Tendeloo hat sie als Trennungsebene dem Verlauf der 5. Rippe entsprechend bestimmt. Man wird nun mit ihm sich einer möglichst präzisen Ortsbestimmung bedienen können, indem man die Begriffe der Lappenlokalisation ersetzt durch die Angaben: apikal, kranial, kaudal, welche durch die Unterbegriffe: ventral, dorsal, medial und lateral noch genauer bestimmbar sind.

---

1) Gilt namentlich für die Lage der Unterlappenspitzen.

Entsprechend der E. Albrechtschen Einteilung kann sich heute der Kliniker nach dem Nicol-Aschoffschen Vorschlag folgendes schematische Bild aus der Buntheit der Lungenphthisefällen herausschreiben:

I. Miliare Phthise = Miliartuberkulose (lokal und disseminiert)

II. Nodös-lobuläre Phthise { a) acinös-nodöse Phthise { lokal oder
b) lobulär-käsige „ } disseminiert

III. Diffuse Phthise { zirrhotische Phthise
käsig-pneumonische Phthise.

Und wenn er das Schema auf alle möglichen Einzelheiten der Pathogenese, des Verlaufs und der Veränderungen sekundärer Natur, des Reaktionszustandes und der Neigung zur Ausdehnung anwenden will, so dient ihm Aschoffs bzw. Nicols Tabelle der „Nomenklatur und Einteilung der Lungenphthise" vom pathologisch-anatomischen und klinischen Standpunkt aus, das ich hier etwas modifiziert wiedergebe.

A.	B.	C.	D.	E.	F.
Qualität	Formale Genese	Ausgang	Mögliche sekundäre Veränderungen*)	Reaktionszustand	Ausdehnung
Vorwiegend tuberkulöse oder produktive Phthise, vorwiegend indurierend oder stationär; prognostisch im allgem. günstig; aber auch gelegentlich progredient.	Interstitielle tuberkulöse Phthise (lokale Miliartuberkulose, disseminierte Miliartuberkulose).	Fibrös indurierend, begrenzte Entwickl.		Latent oder okkult.	Isoliert oder universal.
	Azinöse tuberkulöse Phthise (lokal oder disseminiert).	Fibrös indurierend oder erweichend, verkäsend.	Chron. ulzerierende Phthise.	Latent oder okkult.	Kranial, aber auch kaudal.
	Azinös-nodöse Phthise (lokal oder disseminiert).			Zur Latenz neigend od. stationär.	Kraniokaudal.
	Konfluierend zirrhotische Phthise.	Fibrös vernarbend, aber auch zentr. verkäsend.	Chron. kavernöse Phthise.	Zur Progredienz neigend.	Deszendierend.
Vorwiegend exsudative Phthise verkäsend, erweichend, ulzerierend; prognostisch im allgem. ungünstig.	Azinöse käsige Phthise (lokal oder disseminiert).	Abkapselnd od. erweichend.	Verkreidend.	Latent, okkult, manifest.	Kranial, aber auch kaudal.
	Lobuläre käsige Phthise (bronchopneumonische Form).		Akut ulzerierende Phthise.	Stationär oder progredient, event. zur Latenz neigend.	Kraniokaudal deszendierend.
	Lobäre käsige Phthise (käsig. Pneumonie).	Erweichend.	Akut sequestier. Phthise.	Progredient.	Umfassend.

*) Nicht alle Möglichkeiten sind in dieser Spalte erschöpft.

Wesentlich einfacher und zur praktischen Handhabung geeigneter erscheint indes eine durch Aschoff und v. Romberg kürzlich vor einem Forum von Fachleuten aufgestellte Reihenfolge der in Betracht kommenden Formen. Sie gibt sich unter Berücksichtigung der Eugen Albrecht-Aschoffschen und der v. Rombergschen Auffassung in folgendem Schema zu erkennen:

A. Albrecht-Aschoffsche Benennung	Prognostische Bewertung	B. v. Rombergsche Benennung
1. Zirrhotische Phthise \} Fibrös-indurierende Phthise 2. Azinös-noduöse Phthise a) Indurierend	Vorwiegend heilende oder stationäre Formen.	Fibrös-indurierende Phthise \{ Diffuse zirrhot. Form. Azinös-nodöse Form.
		Proliferierende und fibröse Phthise
b) Proliferierend — Proliferierende Phthise.	Vorwiegend progrediente oder bestenfalls stationäre Formen.	Proliferierende Phthise \{ Azinös-nodöse Form.
3. Bronchopneumon. Phthise \} Exsudative Phthise 4. Pneumonische Phthise		Exsudative Phthise \{ Bronchopneum. Form. Pneumonische Form.

Dies Schema stellt knapp und rund das Ergebnis einer im Kreis von etlichen Klinikern und Pathologen abgehaltenen mehrtägigen Besprechung dar, welche im August 1920 im pathologischen Institut zu Freiburg i. B. sich abgespielt hat.

Nicol spricht bei der Erklärung seiner Einteilung der Lungenphthise von 3 Stadien ihres Entwicklungsganges, denen er den Primärinfekt, den ersten anatomischen, aber klinisch nicht feststellbaren, okkulten Herd voranstellt. Seiner Ausdehnung ist die Initialphthise (1. Stadium) zu danken, ein umschriebener Herd, der meist in der Lungenspitze sitzt, jedoch, wie wir hörten, bei Kindern an verschiedenen Lungenorten gefunden zu werden pflegt. Im 2. Stadium kommt es zur Ausbreitung durch neue Herdbildungen im kranialen Lungenbezirk, im 3. Stadium zur Deszendenz in die kaudalen Lungenabschnitte. Die Prognose entspricht in ihrem Wandel von Gut und Schlecht der Zunahme der Ausdehnung und des Tiefersteigens. Auch bei dieser Art der Betrachtung erfordert gerade die mittlere Periode, das 2. Stadium Aufmerksamkeit, da hier die Voraussage wesentlich von der Artdiagnose des Prozesses abhängen muß.

Am schwierigsten wird dem Kliniker die Auseinanderhaltung der Formen der azinös-nodösen Phthise mit der Tendenz zur fibrösen Induration oder der azinös bis lobulär käsigen Phthise mit der Tendenz zur käsigen Erweichung werden. Mit einer Röntgenuntersuchung ist das gewiß zumeist nicht möglich, wenn auch die neuen Ausführungen, welche Küpferle und Gräff bei der Freiburger Besprechung an Hand sehr guter Röntgenogramme und hervorragend schön präparierter anatomischer Belegobjekte machten, erkennen ließen, daß man selbst diese feinen Unterschiede bei bester Technik unter günstigen Umständen auf die Platte bekommen kann. Denn, wie auch Aschoff ausführte: Das Röntgenbild kann nur den fokalen Charakter der Erkrankung feststellen. Und doch ist gerade hier die genauere Unterscheidung für den Arzt von äußerster Wichtigkeit. Er muß wissen, ob der jeweilige Fall diesseits oder jenseits der in diesem Gebiet hindurchlaufenden prognostischen Richtungslinie einzuteilen; denn nach dem prognostischen Schluß wird der Rat an den Patienten und der Aufwand zur Wiederherstellung der Leistungsfähigkeit des Kranken ganz und gar verschieden sein. Hier mittels fortgesetzter klinischer Untersuchung, mittels Beobachtung aller Merkmale des Verlaufs der allgemeinen und örtlichen Zeichen, des Auswurfs usw. möglichst bald Klarheit zu bekommen, ist und bleibt dem Eifer und der Erfahrung des Klinikers überlassen. Allein dieser Eifer darf nicht die anatomischen und allgemein pathologischen Unterlagen gering achten. Sagte doch ein so anerkannter Phthisiater wie Albert Fraenkel, daß die in jedem Fall vorgenommene Trennung nach anatomischen und klinischen Gesichtspunkten vor der Kur die Kritik gegenüber den therapeutischen Methoden und ihren Erfolgen schärfe. „Man wird dann," meinte er weiter, „die spontan heilenden Fälle nicht als Triumphe der Therapie ansprechen."

Handelt es sich für den Arzt aber darum zu statistischen Zwecken eine Einteilung zu schaffen, die kurz und einfach ihrem Zweck genügt, so kann man mit Bacmeister die klinische Reaktionsform als Grundlage nehmen und eine Gliederung nach den anatomisch-pathologischen Formerscheinungen anschließen. „Bei verschiedenartiger oder doppelseitiger Erkrankung der Lungen wird man stets das im Vordergrund stehende schwerste Krankheitsbild, also den für die Bewertung des Falles am wichtigsten zu beurteilenden Prozeß zur Unterlage nehmen, damit die Statistik zugleich auch prognostischen Wert hat" (Nicol). Das Schema sieht also folgende Begriffe vor:

1. Latent.
2. Zur Latenz neigend.
3. Stationär.
4. Progredient.

a) Azinös-nodös.
b) Zirrhotisch.
c) Bronchopneumonisch.
d) Lobärpneumonisch.
e) Miliar.

Endlich sei hier noch einer sehr geistreichen Einteilung der Phthise nach biologischen Perioden gedacht, welche neuerdings K. E. v. Ranke

(München) von der Basis der Immunitätsvorgänge aus getroffen hat. Er sieht im Phthisebazillus und seinen Stoffwechselprodukten Antigene und nimmt nach Art der v. Pirquetschen Anschauungen über den Ablauf der Erstvakzination und der Nachimpfungen für die Krankheitsperioden nach dem Eintritt der Wirksamkeit von phthisischen Antikörpern (Reaktionsstoffen) eine Veränderung im Reaktionsablauf an, welche mit „Allergie" zu bezeichnen wäre. Zeichen der Allergie können auch morphologisch, z. B. mittels des Cohnheimschen Entzündungsversuchs (Rössle) festgestellt werden; v. Ranke verlangt sogar, daß die Allergie sich irgendwie im anatomischen Bilde äußern müsse. Wenn ein anscheinend einheitlicher Prozeß, wie die Phthise dies ist, am gleichen geweblichen Element, z. B. an der Lunge, in der Haut, nicht zu gleichen Krankheitsprodukten im Verlaufe der Perioden ihrer Wirksamkeit führt, dann liegen Änderungen in den Grundlagen des Krankheitsprozesses vor, welche v. Ranke im anatomisch-histologischen Bilde gefaßt zu haben glaubt. Er hat so den Begriff der „histologischen Allergie" eingeführt. Auf diese Weise kam der Gelehrte zur Annahme dreier Perioden der Lungenphthise: Das Primärstadium verfügt über die anatomische Reaktion am Ort der Infektion (Primäraffekt) und den ganzen Etappenkomplex der zugehörigen Lymphbahnen, was zusammengenommen als Primärkomplex benannt wird. Wenn nun auch regelmäßig das Gesamtvolumen der Drüsenmetastasen das des Primäraffekts erreicht oder übertrifft, so nehmen die Metastasen an Umfang und Zahl doch distal vom Primärherd aus ab, ja sie erlöschen. Solche frische aktive Primärkomplexe können bis ins hohe Alter gefunden werden. Histogenetisch zeichnen sie sich aus, abgesehen von der lymphogenen Metastasierung, durch ein vergrößerndes Wachstum aus sich heraus (Kontaktwachstum). Der histologischen Reaktionsart nach beginnt der Prozeß mit einem kurzen exsudativen Stadium, dem sehr schnell eine relativ einseitige, vorwiegend proliferative Veränderung nachfolgt. Es entstehen epitheloide Tuberkel, deren lymphozytäre Umwallung sozusagen ausbleibt. Zentral tritt eine Nekrobiose in den Knötchen auf, peripher eine bindegewebige Hüllenbildung, welche sich mit der Zeit durch hyaline Umwandlung auszeichnet, während bei der weiteren Abheilung die Zentren zu verkalken pflegen.

Tritt diese Abheilung nicht ein, so kommt es zum zweiten Stadium, dem der Giftüberempfindlichkeit (Hyperergie), welche durch die Ausbildung hämatogener Metastasen und das zeitweilige Auftreten akuter, exsudativer Entzündung in Randzonen der bisher bestehenden Phthiseherde sich auszeichnet. Hyperämie, ja sogar Blutung aus den stark erfüllten Kapillaren, Gewebsödem, Auftreten lymphozytärer Wälle, perivaskuläre Zellinfiltration, Eindringen von Lymphoidzellen bis in die Nekrosezone der Tuberkel, Erweichung verkäster Drüsen und Neigung zum Durchbruch machen sich geltend. Es kann jedoch auch eine erhöhte Resorptionstätigkeit eintreten und zur Heilung führen. Jedenfalls sind in dieser Periode Weiterverbreitungen des Virus auf dem Lymph- und Blutwege, sowie durch intrakanalikuläres Vordringen bedeutungsvoll; es kann diese Periode also zum Stadium der Generalisation (vor allem auf dem Blutwege) werden, die Krankheit steht auf dem Höhepunkt ihrer Blüte (Akme). Der jetzt fungierende sekundäre Typ der Allergie zeichnet sich durch die Neigung zu perifokalen entzündlichen Reaktionen aus. Schubweise schmerzhafte Entzündungen und Schwellungen, ein Schub von Tuberkuliden tritt auf, Erscheinungen, welche ganz analog sind den Folgen einer ausreichend hohen Tuberkulininjektion am phthisischen Individuum. Diese heftigen Reaktionen dürften zurückzuführen sein auf den Einbruch toxischer Substanz ins Gefäßsystem zugleich mit den Bazillen. Dieses zweite Stadium mit seinen auffälligen exsudativen Zügen ist dem exanthematischen Stadium akuter Infektionskrankheiten, wie auch der Lues ziemlich analog.

Das dritte Stadium endlich läßt eine gewisse Giftunempfindlichkeit, eine relative Immunität wahrnehmen. Es ist dadurch charakterisiert, daß die hämatogenen Metastasen zurücktreten; die Lymphdrüsenherde werden relativ kleiner als die zugehörigen phthisischen Organparenchymherde. Die akuten, perifokalen entzündlichen Reaktionen treten zurück. Doch bleiben Kontaktwachstum und intrakanalikuläres Wachstum unbeeinträchtigt; in jahre- und jahrzehntelangem Ablauf können sie die ganze Lunge zerstören, ohne daß durch lymphatische oder hämatische Zerstreuung Gelenk-, Knochen-, Lymphdrüsen-, Nieren-, Genitalmetastasen aufträten. Lymphatische Verschleppung ist selbst in die nächst gelegenen Lymphdrüsen enorm selten geworden. Bleibt sie nicht ganz aus, so ist sie doch als abortiv zu nennen. Solche Knötchen umgeben sich nicht mit wucherndem Bindegewebe und zeigen keine exsudative Reaktionszone, es fehlt ihnen die Erweichung und ebenso die hyaline Randzone. Sie verhalten sich wie Wucherungen um einen Fremdkörper torpid und nicht fortschreitend. Die in die Lymphdrüsen abtransportierten Bakterien vermehren sich offenbar nicht mehr, bilden auch keine wirkungsvollen Gifte mehr. Wenn sie nicht schon schwer geschädigt dort ankommen, wird ihre Wirksamkeit in den Lymphdrüsen doch baldigst zunichte gemacht. Die Empfänglichkeit der Organe zur phthisischen Erkrankung nimmt ab. Soweit eine neue Infektion hier in Frage kommt, ist es interessant, deutlich erkennbare Zeichen von Organdispositionen wahrzunehmen, denen auffallend isolierte Organtuberkulosen dieses Stadiums zu verdanken sind.

Natürlich folgen sich diese Stadien nicht sprungweise, sondern allmählich. Die Phthise kann in jedem der 3 Stadien stillstehen und ausheilen; daraus ergibt sich, daß nicht jede Phthise alle 3 Stadien durchläuft. Ja, diese Beschränkung dürfte sogar die Regel sein. Auch ist es möglich, daß etwa das zweite Stadium in einer Periode der Ruhe scheinbar übersprungen wird, d. h., daß sich während einer Abheilungszeit die immunisierenden Eigenschaften verstärken können, so daß also eine eventuelle Neuinfektion einen derartigen Boden findet, daß daraus sofort das dritte Stadium der relativen Immunitätsreaktion erblüht.

Es wird, wenn man v. Rankes biologischen Ausführungen zustimmt, abermals ein „Primärbegriff" in die Phthisenbenennung eingeführt. Es dürfte sich daher empfehlen, noch einmal zu unterscheiden

A) den Begriff Primärinfekt von Nicol im Sinne des ersten, oft klinisch okkulten, anatomisch nachweisbaren Herdes einer Phthise,

B) den Begriff Primäraffekt von v. Ranke im Sinne des Reaktionsgebietes an der Stelle der phthisischen Infektion,

C) den Begriff Primärkomplex von v. Ranke im Sinne der Einheit des eben genannten Primäraffektes mit den zugehörigen Lymphdrüsen,

D) den Begriff primäre Phthise der Pathologen im Sinne des zuerst infizierten und vielleicht noch nicht merkbar erkrankten Organsystems, von dem die übrigen Phthiseprozesse im Körper hergeleitet werden können,

E) den Begriff primäre Phthise der Kliniker im Sinne der zeitlich zuerst in den Vordergrund tretenden phthisischen Organerkrankung, die sich klinisch nicht auf einen übergeordneten Krankheitsherd beziehen läßt.

Meine Herren! Meine Ausführungen bringen natürlich nur einen Bruchteil der Phthisepathologie, können und wollen das Thema nicht erschöpfen. Und wenn ich nun schließe, darf ich dies gewiß mit einem Hinweis auf die Heilungsmöglichkeit der Krankheit tun. Die Erkenntnis der Heilbarkeit auch ernster Fälle ist noch nicht sehr alt. Natürlich ist unter Heilung nicht die ideale Sanatio, die Rekreatio und Regeneratio im anatomischen Sinne verstanden. Die zirrhotische Lunge bedeutet einen Ausfall an Atemfläche. Wir müssen hier unter Heilung die Zurückführung zu einem Zustand hoher, ja voller Leistungsfähigkeit verstehen; diese kann auch erreicht werden, wenn die Organe Narben in sich tragen, ja, wenn ganze Organabschnitte für die Aufgaben des Körpers ausfallen. Und diese Heilungsmöglichkeit im funktionellen Sinn macht die innige Beschäftigung mit dem Phthiseproblem, wie die ärztliche Beratung phthisischer Patienten zu einer so lebendigen und wichtigen, verheißungsvollen Angelegenheit. Heute sollte es gewiß nicht mehr vorkommen, daß ein Arzt mit dem Wort „Phthise" oder „Tuberkulose" von vornherein einen pessimistischen Gedankengang über die Aussichten der Wiederherstellung des Patienten verbindet. Selbst so unheimlich klingende Diagnosen wie „Bauchfelltuberkulose" oder „Lungenphthise mit Blutstürzen" berechtigen nicht zur Preisgabe der Hoffnung, wie Beispiele der vollen Erholung beweisen. Vor allem hüte man sich, gerade im Feld der Phthise dem Patienten den Glauben an die wiederkehrende Leistungsfähigkeit einzuschränken. Ja, man bestärke den manchmal zur Lethargie und allzu ängstlicher Schonung neigenden Phthisiker in der Anschauung, daß seiner nach genauer Einhaltung einer entsprechend angemessenen Kur, nach Ausschaltung aller Berufspflichten bis zur Feststellung der Wiederkehr der Erstarkung noch ernste und anstrengende Aufgaben harren, daß für ihn die Pflicht bestehen bleibt, wacker mitzutun im Daseinskampf, nach dem Grad seiner körperlichen Leistungsfähigkeit, mit seinem Pfund zu wuchern und selbst durch sein Beispiel beizutragen an der Verbreitung der Ansicht, daß die Phthise eine heilbare Erkrankung sei. Heute dürfen die Worte „Tuberkulose" und „Phthise" nicht mehr einen grauenerregenden, todeskalten Beiklang haben, sondern müssen zum Eingreifen mahnen; denn die Phthise kann überwunden werden.

Literatur.

Albrecht, Eugen, Zur klinischen Einteilung der Tuberkuloseprozesse in den Lungen. Frankf. Zeitschr. f. Path. 1907. Nr. 1.
Derselbe, Thesen zur Frage der menschlichen Phthise. Ebenda. 1907. Nr. 1.
Albrecht, Heinr., Über Tuberkulose des Kindesalters. Wiener klin. Wochenschr. 1909. Nr. 10.
Arnold, Untersuchungen über Staubinhalation. Leipzig 1884.
Aschoff, Ludwig, Zur Nomenklatur der Phthise. Zeitschr. f. Tuberkul. 1919. Bd. 27.
Derselbe, Diskussion zu Ghons Vortrag. Verhandl. d. deutsch. path. Ges. 1913.
Bacmeister, Die mechanische Disposition der Lungenspitzen und Entstehung der Lungentuberkulose. Mitteil. a. d. Grenzgeb. d. Med. u. Chir. 1911. Bd. 23.
Derselbe, Die Entstehung der Lungenphthise auf Grund experimenteller Untersuchungen. Ebenda. 1913. Bd. 26.
v. Behring, Über Lungenschwindsuchtsentstehung. Deutsche med. Wochenschr. 1905.
Benda, Über akute Miliartuberkulose. Berl. klin. Wochenschr. 1899.
Birch-Hirschfeld, Sitz und Entwicklung der primären Lungentuberkulose. Deutsches Arch. f. klin. Med. Bd. 64.
Büttner-Wohst, Über das Fränkel-Albrechtsche Schema zur Einteilung der chronischen Lungentuberkulose. Münch. med. Wochenschr. 1916. Nr. 32.
Celsus, Über die Arzneiwissenschaft. Lib. III; 22.
Cornet, Die Tuberkulose. Wien 1907.

Fränkel, Alb., Über Einteilung der chronischen Lungentuberkulose. Verhandl. d. deutsch. Kongr. f. inn. Med. Wiesbaden 1910. S. 174.

Derselbe, Über Lungentuberkulose vom militärärztlichen Standpunkt aus. Münch. med. Wochenschr. 1916. Nr. 31. S. 1109.

Gerhardt, Dietr., Über Tuberkulose. Ebenda. 1918. S. 556.

Ghon, Der primäre Lungenherd bei der Tuberkulose der Kinder. Berlin 1912.

Derselbe, Zur Tuberkulose der Kinder. Verhandl. d. deutsch. path. Ges. Marburg 1913. Bd. 16. S. 172.

Ghon und Roman, Zur pathologischen Anatomie der Kindertuberkulose. Jahrb. f. Kinderheilk. 1915. Bd. 81. S. 89.

Gräff und Küpferle, Die Bedeutung des Röntgenverfahrens für die Diagnostik der Lungenphthise usw. Beitr. z. Klin. d. Tuberkul. 1920. Bd. 44. S. 165.

Gruber, G. B. und Wollé, Der Gesundheitsdienst der Stadt und Festung Mainz. Mainz 1919.

Gruber, G. B., Zur Tuberkulosemortalität während des Krieges. Münch. med. Wochensehr. 1919. S. 1266.

Derselbe, Über den Locus minoris resistentiae. Samml. klin. Vortr. f. innere Med. 1919. Nr. 777/78.

Derselbe, Pathologisch-anatomische Beiträge zum Kapitel der Lungenschußverletzungen und ihrer Folgen. Monatsschr. f. Unfallheilk. u. Invalidenw. 1920.

Derselbe, Über Tuberkulose bei Negern, ein Beitrag zur Frage der kindlichen Lymphdrüsenphthise. Vortrag a. d. 86. Tagung deutsch. Naturf. u. Ärzte in Nauheim. Sept. 1920.

Hedrén, Pathologische Anatomie und Infektionswege der Tuberkulose der Kinder. Zeitschr. f. Hyg. 1912. Bd. 73.

Kretz, Über Phthisiogenese. Beitr. z. Klin. d. Tuberkul. 1909. Bd. 12. S. 307.

Derselbe, Diskussion zu Ghons Vortrag. Verhandl. d. deutsch. path. Ges. 1913.

Laguesse et Hardvillier, Sur la topographie du lobule pulmonaire de l'homme. Bibliographie anatomique. 1898. T. 6.

Lieck, Gegen die Sprachverwilderung im ärztlichen Schrifttum. Münch. med. Wochenschr. 1920. Jahrg. 67. Nr. 2.

Lubarsch, Beiträge zur Pathologie der Tuberkulose. Virch. Arch. 1913. Bd. 213.

Derselbe, Die Grenzen der pathologischen Anatomie und Histologie. Jahreskurse f. ärztl. Fortbild. 1913. Bd. 4.

Derselbe, Die Zellularpathologie. Ebenda. 1915. Bd. 6. S. 49.

Nicol, Die Entwicklung und Einteilung der Lungenphthise. Beitr. z. Klin. d. Tuberkul. 1914. Bd. 30. S. 231.

Derselbe, Zur Nomenklatur und Einteilung der Lungenphthise. Med. Klin. 1919. Nr. 17.

Orth, Über einige Zeit- und Streitfragen aus dem Gebiet der Tuberkulose. Berl. klin. Wochenschr. 1902. Nr. 30.

Derselbe, Über tuberkulöse Reinfektion und ihre Bedeutung für die Entstehung der Lungenschwindsucht. Sitz.-Ber. d. Akad. d. Wissensch. 1913.

Derselbe, Über einige Tuberkulosefragen. (Vereinsber.) Münch. med. Wochenschrift. 1918. Jahrg. 65. S. 167.

v. Ranke, Karl E., Primäre, sekundäre und tertiäre Tuberkulose des Menschen. Ebenda. 1917. Jahrg. 64. S. 304.

Derselbe, Primäraffekt, sekundäre und tertiäre Stadien der Lungentuberkulose. Deutsch. Arch. f. klin. Med. 1916. Bd. 119. S. 201.

Römer, Über Immunität gegen natürliche Infektion mit Tuberkelbazillen. Beitr. z. Klin. d. Tuberkul. 1912. Bd. 22. S. 301.

Staehelin, Die Erkrankungen der Trachea, der Bronchien, der Lungen und der Pleuren. Mohr-Staehelins Handb. d. inn. Med. 1914. II. S. 465.

Tendeloo, Studien über die Ursachen der Lungenkrankheiten. Wiesbaden 1902. (Lit.-Quellen!)

Turban, Beiträge zur Kenntnis der Lungentuberkulose. Wiesbaden 1899.

Weigert, Ausgedehnte umschriebene Miliartuberkulose in großen offenen Lungenarterienästen. Gesamm. Abhandl. 1886. S. 465.

Derselbe, Bemerkungen über die Entstehung der akuten Miliartuberkulose. Ebenda. 1897. S. 473.

25. Heft. Ueber die Entstehung und Behandlung des Plattfusses im jugendlichen Alter. Von Dr. Schiff. 1904. 2 M.

26. Heft. Ueber plötzliche Todesfälle, mit besonderer Berücksichtigung der militärärztlichen Verhältnisse. Von Oberarzt Dr. Busch. 1904. 2 M. 40 Pf.

27. Heft. Kriegschirurgen und Feldärzte der Neuzeit. Von Oberstabsarzt Prof. Dr. A. Köhler. 1904. 18 M.

28. Heft. Beiträge zur Schutzimpfung gegen Typhus. Bearbeitet in der Medizinal-Abteilung des Königl. Preuss. Kriegsministeriums. Mit 10 Kurven im Text. 1905. 1 M. 60 Pf.

29. Heft. Arbeiten aus den hygienisch-chemischen Untersuchungsstellen. Zusammengestellt in der Med.-Abt. des Königl. Preuss. Kriegsministeriums. I. Teil. 1905. 2 M. 40 Pf.

30. Heft. Ueber die Feststellung regelwidriger Geisteszustände bei Heerespflichtigen und Heeresangehörigen. Beratungsergebnisse aus der Sitzung des Wissenschaftl. Senats bei der Kaiser Wilhelms-Akademie für das militärärztliche Bildungswesen am 17. Februar 1905. Mit 3 Kurventafeln im Anhang. 1905. 1 M.

31. Heft. Die Genickstarre-Epidemie beim Badischen Pionier-Bataillon Nr. 14 (Kehl) im Jahre 1903/1904. Mit einem Grundriss der Kaserne und zwei Anlagen. 1905. 3 M. 60 Pf.

32. Heft. Zur Kenntnis und Diagnose der angeborenen Farbensinnstörungen. Von Stabsarzt Dr. Collin. 1906. 1 M. 20 Pf.

33. Heft. Der Bacillus pyocyaneus im Ohr. Klinisch-experimenteller Beitrag zur Frage der Pathogenität des Bacillus pyocyaneus. Von Stabsarzt Dr. Otto Voss. Mit 5 Tafeln. 1906. 8 M.

34. Heft. Die Lungentuberkulose in der Armee. Im Anschluss an Heft 14 der Veröffentlichungen bearbeitet von Stabsarzt Dr. Fischer. 1906. 2 M.

35. Heft. Beiträge zur Chirurgie und Kriegschirurgie. Festschrift zum siebzigjährigen Geburtstage Sr. Exz. v. Bergmann gewidmet. Mit dem Porträt Exz. v. Bergmann's, 8 Tafeln. und zahlreichen Textfiguren. 1906. 16 M.

36. Heft. Beiträge zur Kenntnis der Verbreitung der venerischen Krankheiten in den europäischen Heeren sowie in der militärpflichtigen Jugend Deutschlands. Von Gtabsarzt Dr. H. Schwiening. 1907. Mit 12 Karten und 8 Kurventafeln. 6 M.

37. Heft. Ueber die Anwendung von Heil- und Schutzseris im Heere. Beratungsergebnisse aus der Sitzung des Wissenschaftl. Senats bei der Kaiser Wilhelms-Akademie für das militärärztliche Bildungswesen am 30. November 1907. 1908. 1 M. 20 Pf.

38. Heft. Arbeiten aus den hygienisch-chemischen Untersuchungsstellen Zusammengestellt in der Med.-Abt. des Königl. Preuss. Kriegsministeriums. II. Teil. 1908. 2 M. 80 Pf.

39. Heft. Ueber das Auftreten von Sarkomen, sowie von Haut-, Gelenk- und Knochentuberkulose an verletzten Körperstellen bei Heeresangehörigen. Von Oberstabsarzt Dr. Eichel. 1908. 80 Pf.

40. Heft. Ueber die Körperbeschaffenheit der zum einjährig-freiwilligen Dienst berechtigten Wehrpflichtigen Deutschlands. Auf Grund amtlichen Materials unter Mitwirkung von Oberstabsarzt Dr. Nicolai bearbeitet von Stabsarzt Dr. Heinrich Schwiening. 1909. 5 M.

41. Heft. Arbeiten aus den hygienisch-chemischen Untersuchungsstellen. Zusammengestellt in der Med.-Abt. des Königl. Preuss. Kriegsministeriums. III. Teil. 1909. 2 M.

42. Heft. Die altrömischen Militärärzte. Von Stabsarzt Dr. Haberling. Mit 1 Titelbilde und 16 Textfiguren. 1910. 2 M. 80 Pf.

43. Heft. Die Hagenauer Ruhrepidemie des Sommers 1908. Bearbeitet in der Medizinal-Abteilung des Kgl. Preuss. Kriegsministeriums. Mit 3 Tafeln u. 8 Abb. im Text. 1910. 2 M. 80 Pf.

44. Heft. Berichte über die Wirksamkeit des Alkohols bei der Händedesinfektion. Zusammengestellt in der Medizinal-Abteilung des Königlich Preussischen Kriegsministeriums. Mit 8 Textfiguren. 1910. 2 M. 40 Pf.

45. Heft. Arbeiten aus den hygienisch-chemischen Untersuchungsstellen. Zusammengestellt in der Medizinal-Abteilung des Königlich Preussischen Kriegsministeriums. IV. Teil. 1911. 3 M.

46. Heft. Beiträge zur Lehre von der sog. „Weil'schen Krankheit". Klinische und ätiologische Studien an der Hand einer Epidemie in dem Standort Hildesheim während des Sommers 1910. Von Generalarzt Dr. Hecker und Stabsarzt Prof. Dr. Otto. Mit 10 Tafeln, 1 Skizze und 15 Kurven im Text. 1911. 8 M.

47. Heft. Das Königliche Hauptsanitätsdepot in Berlin. Mit 3 Tafeln und 24 Abbildungen im Text. 1911. 2 M.

48. Heft. Ueber ein Eiweissreagens zur Harnprüfung für das Untersuchungsbesteck der Sanitätsoffiziere. Vorträge und Berichte aus der Sitzung des Wissenschaftl. Senats bei der Kaiser Wilhelms-Akademie am 6. Mai 1909. 1911. 1 M. 60 Pf.

49. Heft. I. Die Heranziehung und Erhaltung einer wehrfähigen Jugend. Vortrag, gehalten am 9. Januar 1911 von Dr. Lothar Bassenge, Stabsarzt im Kriegsministerium. II. Krankenpflege, insbesondere weibliche Krankenpflege im Kriege. Vortrag, gehalten am 16. Januar 1911 von Dr. Georg Schmidt, Stabsarzt im Kriegsministerium. 1 M. 60 Pf.

50. Heft. Sonnenbäder. Von Oberstabsarzt Dr. W. Haberling. 1912. 1 M. 20 Pf.

If you have any concerns about our products,
you can contact us on
ProductSafety@springernature.com

In case Publisher is established outside the EU,
the EU authorized representative is:
**Springer Nature Customer Service Center GmbH
Europaplatz 3, 69115 Heidelberg, Germany**

Printed by Libri Plureos GmbH
in Hamburg, Germany